船舶の運航技術と
チームマネジメント

小林 弘明 著

海 文 堂

まえがき

　本書は3部構成になっています。第Ⅰ部の「船舶運航技術の解説」に先立ち，序章を掲載しています。その理由は，本書の目指している「システムを運用する人間の役割を明らかにする」を考える発端となる背景を理解していただくことにあります。読者にはぜひ序章を読んでいただき，本書がこれまでに出版されている関係書と立場を異にする理由をご理解願いたいと考えています。

　本書は，船舶運航の現場で海技者に要求される技術の全般について解説することを目的としています。長い時間をかけて育まれた安全運航に必要な技術を整理し，現場の海技者が発揮する技術の重要性を指摘しています。海技者の努力により形成されてきた技術を体系化し，その全体像を明らかにする一歩となることを願っています。

　第Ⅰ部においては，まず，船舶運航の目的である，安全性の維持に必要な条件を，人間の実行する技術と，人間に技術の達成を要求する環境の条件との関係から考えることとなります。続いて，人間が実行すべき技術の内容について分析を行うこととなります。安全運航に必要なすべての技術を，9項の要素となる技術の集合として整理できることを示します。各技術毎に内容を解説し，運航の現場で実行すべき内容を示しています。そして第4章では，船舶の運航に必要な技術を要素となる複数の技術に分解することにより，従来から問題とされてきた関係する分野に，新しい展開ができることを紹介しています。

　第Ⅱ部においては，近年とくに注目されているチームマネジメント（Team Management）について解説しています。安全運航におけるチーム活動の意義，そしてチームが必要な機能を発揮するために必要な条件を解説しています。チームマネジメントを達成するために必要な機能は，船舶運航においてのみ必要な機能ではなく，他の分野においても，チームで1つの目的を達成するために必要な機能です。チームによる活動は，現代社会においてあらゆる分野で

実施されています。この点から，チーム活動を実行している，あらゆる分野の人々に読んでいただきたい内容です。

　第III部では，チームマネジメントの技能を養成するために十年あまり実施している研修内容を紹介しています。ここに紹介する研修は日本海事協会（Class NK）において，ブリッジチームマネジメント（Bridge Team Management）に関する研修の認定基準として採用されているものです。紹介する研修に関する詳しい情報は，日本航海学会の操船シミュレータ研究会へお問い合わせください。

　文頭に書いたとおり，海技技術に関する本書の視点は，従来の書籍と異なる点が多くあります。そこで，本書で示す内容を端的に理解していただくために，重要事項を各章や節の末尾にまとめてあります。この重要事項をよりどころとして読み進めていただければ，理解を早める一助となると考えています。また，重要事項には，実務において実行すべき機能が抽出されています。この点から，運航の現場で活用できるように，重要事項をまとめ，一覧として本書の末尾に掲載しています。

平成 28 年 3 月
小　林　弘　明

目次

序章　7

第Ⅰ部　船舶運航技術の解説

はじめに 21

第1章　安全運航の実現に関係する要因 23
1.1　航行環境の困難度 23
1.2　航行の困難度を変化させる要因 25
1.3　海技者の船舶運航技能 31
1.4　安全運航の成立条件 34
1.5　安全な船舶運航に必要な技術 37
1.6　対象とする運航局面 42

第2章　船舶運航技術の分析 43
2.1　航海計画の立案 52
2.2　見張り 60
2.3　船位推定 70
2.4　操縦 74
2.5　航行規則などの法規遵守 80
2.6　情報交換 83
2.7　機器取り扱い 88
2.8　異常事態 96
2.9　技術と人を管理 100

第3章　経験の少ない海技者に多く見られる不十分な行動特性 109
3.1　計画の作成 109
3.2　見張り 111

3.3　船位推定 *113*
　3.4　操縦 *115*
　3.5　航行規則などの法規遵守 *117*
　3.6　情報交換 *119*
　3.7　機器取り扱い *121*
　3.8　技術の管理 *124*

第 4 章　要素技術展開の意義と活用 *127*
　4.1　要素技術展開の意義 *127*
　4.2　技術と技能 *131*
　4.3　海技者の技能の限界と拡大 *136*

おわりに *141*

第 II 部　ブリッジチームマネジメント

はじめに *145*

第 1 章　安全運航のための必要技術 *147*

第 2 章　安全運航の実現に関係する要因 *153*
　2.1　航行環境の困難度 *153*
　2.2　海技者の船舶運航技能 *157*
　2.3　安全運航の成立条件 *159*
　2.4　安全運航状態を実現するためのブリッジチームの位置付け *161*

第 3 章　ブリッジチームマネジメント概念の提案の経緯 *165*
　3.1　BRM と BTM の定義 *165*
　3.2　航空機におけるチームマネジメント概念の導入 *168*
　3.3　船舶におけるチームマネジメント概念の導入 *173*

第 4 章　ブリッジチームマネジメント *183*
　4.1　BTM 訓練の必要性 *183*
　4.2　ブリッジチーム編成の理由と目的 *187*
　4.3　チーム活動の特殊性と必要な機能 *188*
　4.4　コミュニケーション（Communication） *190*

4.5	コーポレーション（Cooperation）	196
4.6	チームリーダーが実行すべき機能	200
4.7	チーム活動の実行例	203
4.8	キャプテンブリーフィング	205
4.9	情報交換の方法	207
4.10	チーム活動の実施例から見た活性化の必要条件	215
4.11	資源の有効活用	221
4.12	まとめ：BTM に必要な技能	223

おわりに 225

第 III 部　BTM/BRM の技能養成訓練

はじめに：知識と技能 229

第 1 章　訓練体制 231
1.1　概要 231
1.2　教育訓練の目的 233
1.3　BTM 訓練の目的を達成するための条件 234
1.4　研修の体制 236

第 2 章　BTM 訓練の構成 241
2.1　コースの時間割 241
2.2　教育訓練の詳細 246

第 3 章　BTM 訓練の事例 255
3.1　訓練の実施 255
3.2　操船シミュレータによる実技演習例 259

あとがき　265

参考文献　267

索引　279

重要事項一覧　281

序　章

　本書は安全な船舶運航に必要な技術について解説することを目的としている。従来からこの技術に関しては多くの解説書が出版されている。しかし，運航技術全般をシーマンシップと称され，その具体的な内容の説明は乏しかったように感じる。

　著者の学生時代の研究の1つは，日本に存在しなかった操船シミュレータの開発と，それを用いた研究であった。研究は海技者の行動特性を調査することを目的とした。実験は東京商船大学における友人である数名の若手海技者の協力を得て，操船シミュレータによる衝突回避行動の分析を行った。出会い状況の違い，すなわち交差角度の違いによる衝突回避の行動の違いを分析することを試みた。しかし，分析結果は統一性のない，実験ごとにバラバラの行動特性となってしまった。人の行動はさまざまであり，同じ人間でも，同じ状況に対して必ずしも同じ行動を示していなかった。大変失望したことを覚えている。

　研究室の同僚は材料実験や水槽実験を行い，それぞれに条件の変化に対する結果の変化を比較する研究を行っていた。当然それは物理現象としての統一性のある結果から，一定の法則を導き出す作業である。それに比べて，著者の研究結果は同じ条件にもかかわらず，結果はバラバラであり，一定の法則を導くことはとても困難であった。人間を要素として成立するシステムの特性を研究する困難さを実感した。

　その後，大学で研究者として，同様の研究に従事することとなった。操船シミュレータの開発は時代の変化に伴い，自作のアナログ計算機を使用したものからデジタル計算機に移行し，スクリーンに投影する他船の映像も影絵からコンピュータグラフィックスへと変化していった。そして，開発5世代目の操船シミュレータは世界の研究者からも最高レベルと評価される臨場感あふれるものとなった。

多くの関係者が見学に訪れ，テレビや新聞各紙で多く紹介された。そのなかで海上保安庁の方が見学後，著者に語られたことが印象に残った。「実は昭和49年に発生した事故の原因究明を行いたいと，かねてより考えていた。この操船シミュレータならば，実状を精度よく再現でき，原因究明が可能ではないだろうか」。その後，事故の状況を調査し，開発した操船シミュレータで状況の再現は可能であると判断した。状況を再現し，事故原因調査の実験を開始した。実験に参加してくれた海技者には，学生時代に開発1号機の実験に参加してくれた友人も含まれていた。彼らもすでに船長職を実職とするベテラン海技者となっていた。この研究が人間を含むシステム解析に対する著者の考えを一変させることとなった。

事故原因究明の対象となったのは，昭和49年11月に発生した第十雄洋丸とパシフィック・アレス号の衝突事故である。この事故は首都・東京の近く，東京湾の奥深くで発生し，多くの死者とけが人が出たことから社会の注目の的と

図1　第十雄洋丸とパシフィック・アレス号の衝突事故状況を伝える新聞記事
　　　（出典：1974年11月10日付，ジャパンタイムス）

なった．さらに，第十雄洋丸は炎上したまま西風に圧流されて，陸上のコンビナートへと接近する状況となった．コンビナートへの延焼を防ぐために第十雄洋丸は湾外へと曳航され，自衛隊の爆撃により東京湾入り口付近において沈没させる対策がなされた．図1は事故直後の状況を伝えた新聞の記事である．

事故の発生状況

図2に事故発生の状況を示す．LPGタンカー第十雄洋丸は中ノ瀬航路を北上していた．鉱石運搬船パシフィック・アレス号は木更津港を出港し，東京湾外への航行を行うために浦賀水道航路へと向かっていた．当時，視程は2マイルであったと報告されている．パシフィック・アレス号にはパイロットが乗船していたが，事故時はすでに下船していた．パイロットは事故後，下船時，中ノ瀬航路を北上する第十雄洋丸の存在をパシフィック・アレス号の乗組員に伝えていたと述べている．しかし，パシフィック・アレス号には事故の直前まで特別の衝突回避行動はなかった．パシフィック・アレス号は衝突後，直ちに激しく炎上し，1人が負傷し救助されたが，他の乗組員28名すべてが死亡したた

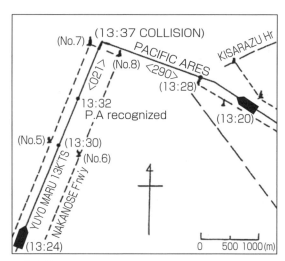

図2　第十雄洋丸とパシフィック・アレス号の衝突事故へ至る経緯

めに，船内において，どのような判断や操作が行われたかは不明である。

一方，第十雄洋丸は中ノ瀬航路を北上する過程において，図中の P.A recognized と示されている地点でパシフィック・アレス号の存在を認知していた。13 時 32 分のことである。

第十雄洋丸はパシフィック・アレス号を認知しつつ航行を持続した。その後，衝突地点まで 1400 m の地点で減速を開始したが，十分な効果を得られず事故が発生した。

事故の発生により事故原因究明の海難審判が行われた。判決の内容はパシフィック・アレス号に主たる過失があると指摘するとともに，第十雄洋丸の操作も適切ではなかったとしている。

事故原因究明の検討

操船シミュレータを用いた事故再現と原因究明の検討が開始された。実験では，第十雄洋丸と同等のタンカーに乗船経験のある船長 4 名の参加のもと，第十雄洋丸事故の再現であることを伏せて，操船が行われた。操船開始地点を種々変更した実験などが行われたが，結果の一例を図 3 に示す。図は 4 名の船長の主機操作の状況を示している。主機操作の時期は，第十雄洋丸の船長が主機を操作した地点と一致させている。図の横軸は衝突地点をゼロとして示している。縦軸の FH は Full Ahead を示し，SE は Stop Engine，FA は Full Astern をそれぞれ示している。ほぼ全員が直ちに Full Astern を指示することなく減速操作を実施していることがわかる。

この実験のほかでは，操舵による変針操作を実施する操船も可能としたが，実際に行われた回避行動のための操作は減速によるものが中心であった。

各種の条件で行われた操船実験の結果は，4 名の船長が実施した操船内容は類似しており，避航行動の結果は衝突あるいは極めて至近に接近する危険な状況であった。

以上の検証作業により次の重要な点が明らかとなった。

① 十分な経験を有する海技者は，同様な状況に対してほぼ同様な行動・判

断を行う。
② 事故の再発を回避するためには，対策は海技者の標準的行動を考慮したものでなければならない。

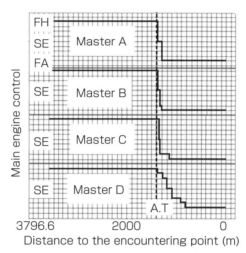

図3　4名の船長による，同じ条件での機関操作結果

事故の再発防止対策

　第十雄洋丸の事故は，我々に大変重要な事実を示唆することとなった。標準的な海技者は同様な条件においてほぼ同様な行動をとるという事実は，事故の再発防止対策において基本的に考慮しなければならない大前提となる。この前提を踏まえて，同様な事故の防止対策を考えることとなった。図4は以上述べた事故の発生状況をモデル化したものである。

　図は，環境条件（A）に対して，標準的行動特性（A）を示す海技者は行動（A）をとり，これにより事故が発生することを示している。このモデルは，先に示した第十雄洋丸の事故の解析結果より得られた重要な人間特性をモデル化し，事故発生のプロセスを示していることになる。

図4　環境条件と海技者の標準的行動特性により事故が発生する状況のモデル化

　図でモデル化されるプロセスにおいて，最終の結果が事故に至らない方法を見いだすことが，再発防止対策の考案に該当する。図に示される3つの要素の少なくとも1つを変化させる方法を考えることとなる。以下，順番に具体的な対策を提起しながら対策3件を述べる。

再発防止対策のケース1

　図5の上部の図は事故を発生させる，環境と人間の行動特性の関係を示している。下部の図は，人間の行動特性（A）を（B）へ変化させる対策を示している。これにより行動が（A）から（B）へ変化し，事故は発生しないことを示している。問題は，行動特性を（A）から（B）へ変化させる方法である。標準的な人間は条件（A）に対して行動（A）をとるため，標準的な行動をとる人間では成立しないこととなる。第十雄洋丸の事故の場合，航路を横切る可能性のある相手船に対して，航路上を航行する船舶は相手船の避航行動を想定し，自らの避航行動の開始が遅れることを示している。しかし，現実には相手船は航路を横切るのではなく航路出口の直近を横切るので，海上衝突予防法による避航義務はなく，航路航行中の船舶が避航行動をとることが要求される。この事例

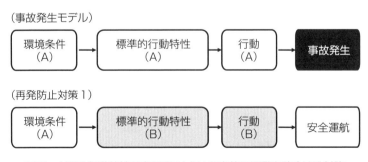

図5　人間の行動特性を変えることにより事故の再発を防止する対策

では，横切り関係がどこで発生するのか，避航すべきは我か彼か，この点が混乱のもとにあったと考えられる。すなわち，航路航行船が事前に，横切りの状況は航路外であるとの知識があれば，行動は変化することとなる。限定された水域における航行船の状況を知る人間であれば行動は（A）から（B）へ変化することになり，事故は発生しない。限定された水域における航行船の状況を知る人間としては，この場合，水先人が想定される。

再発防止対策のケース2

図6は条件（A）に対して人間の行動特性（A）は変えることなく，行動を（A）から（B）へ変えることにより，事故を発生させない対策を示している。問題は，行動を（A）から（B）へ変化させる方法である。標準的な行動特性（A）を示す海技者が条件（A）に対して行動（A）をとらずに行動（B）をとるには何らかの外部からの支援が必要になる。図では外部支援として支援システムで代表して記載している。第十雄洋丸の事例においては，海上交通センターからの情報提供が想定される。中ノ瀬航路を航行する船舶に対し，木更津からの出港船は航路の出口の外で横切り関係になることを知らせることに該当する。これにより，標準的な海技者は早い時期から衝突を回避するために減速を開始する。行動が（A）から（B）へ変化し，事故は発生しないこととなる。

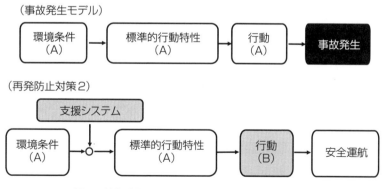

図6　外部支援により事故の再発を防止するモデル

再発防止対策のケース3

図7は環境条件（A）を（B）に変えることにより，行動特性（A）を示す海技者の行動を（A）から（B）へ変化させ，事故を発生させない対策を示している。環境の条件が変わることにより，行動特性（A）を示す海技者は行動（A）と異なる行動（B）をとり，事故は発生しないこととなる。第十雄洋丸の事例においては，海上交通の環境条件を変えることにより，標準的な海技者においても事故を発生させない行動をとる環境をつくり出すことに該当する。

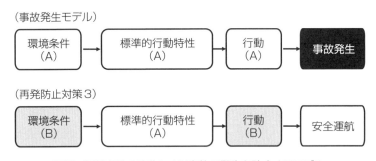

図7　環境条件の変化により事故の発生を防止するモデル

事故発生地点に対する現状

第十雄洋丸の事故の発生地点においては，現在，木更津からの出港船は航路の出口の直近で横切り関係が発生する条件を変化させる対策が実施されている。図8に現在の事故発生海域の状況を示す。

図に示すとおり，中ノ瀬航路の延長上にブイが新たに設置された。そして，木更津港から出港する船舶は，新設されたブイの北側を航行して西方へ航行することが行政指導された。この対策により，航路の出口近傍での横切り関係は発生しなくなり，第十雄洋丸の事故と同様な事故は，その後，発生していない。まさに，再発防止を目的とした妥当な対策であることが実証された。

この対策は，先に示した「再発防止対策のケース3」に該当するものである。

序章　15

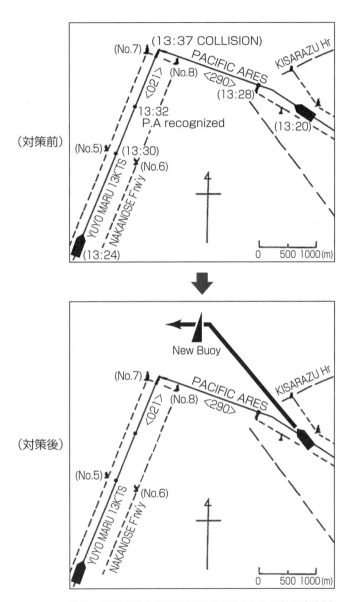

図8　環境条件を変える対策が実施された事故発生海域

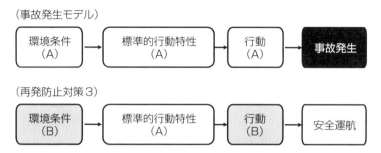

図9 中ノ瀬航路出口に新しいブイを設置した事故再発防止対策の理論的裏付け

図9に再掲するとおり、「再発防止対策のケース3」では、条件が変われば、標準的な海技者が示す行動特性においても、その行動は事故を発生させる行動（A）ではなく、事故を発生させない行動（B）へ変化することになる。環境の変化による事故の再発防止対策の妥当性は、ここに示した理論を実証したものであり、理論の進展に大きな弾みをつけることとなった。

第十雄洋丸の事故解析から学んだこと

ここに紹介した「第十雄洋丸の事故解析」を通して以下の事項が確認された。

① 航路を航行する船舶を運航する標準的な海技者は、航路を横切ると思われる船舶に対し、たとえ衝突の危険があるときでも、衝突回避の行動は通常よりも遅くなる。
② 航路を航行する船舶を運航する標準的な海技者は、航路を横切ると思われる船舶に対し、衝突の危険を避けるために、主に速力を減少させる操船を実施する。

そしてこの事実は、海技者の一般的な行動を把握することの重要性を示す教訓となった。この教訓から、著者が学んだことは以下の点である。

① 標準的な海技者は、同一な条件のもとでは、ほぼ同様な行動をとる。
② 船舶の安全運航は環境と海技者の行動特性により決定する。

③ 船舶の安全運航を実現するためには，標準的な海技者の行動特性を考慮に入れた環境づくりが必要である。

以上の研究の経験を通して，以前は曖昧模糊としていた船舶の運航に対する議論が飛躍的に展開できることとなった。本書の主要部分はここに示した経緯より進展し，論理として展開されてきたものである。単に理論の発展として展開されたものではない。理論の展開と実験との繰り返しにより発展してきたものである。理論の進展に伴う研究結果は逐次，学会において報告され，現在に至っている。それらの報告内容については，巻末の参考文献に示されている。

重要事項

① 標準的な海技者は，同一な条件のもとでは，ほぼ同様な行動をとる。
② 船舶の安全運航は環境と海技者の行動特性により決定する。
③ 船舶の安全運航を実現するためには，標準的な海技者の行動特性を考慮に入れた環境づくりが必要である。

第Ⅰ部
船舶運航技術の解説

第1章　安全運航の実現に関係する要因
第2章　船舶運航技術の分析
第3章　経験の少ない海技者に多く見られる不十分な行動特性
第4章　要素技術展開の意義と活用

はじめに

　船舶運航の歴史は極めて長く，各時代の最先端の知識，技術を利用して水上輸送の目的を果たしてきた。古くは丸木舟による水上移動から木造船，そして鋼船構造の時代へと船体は変化してきた。推進機構も艪やオールから始まり，セールによる風力の利用，そして現代の多くの船舶はプロペラによる推進器へと変化してきた。船による運航を実現させてきた技術のなかで，これらの物質的，機械的部分は進化する文明のなかで必要とする知識を磨き，研究を進めて発展してきた。進化の過程では近代における科学の手法が適用された。すなわち，関係する検討要素を分析し，個々の要素の内容を合理的に解明する手法をとってきた。この手法は近代科学発達の基本手法であり，科学の発達がその手法の合理性を証明している。すなわち，船舶の物質的，構造的な学問は，近代的な科学的手法により著しい発展を達成した。そして，関係する学問は個々の学問として発達し，体系を形成することとなった。

　一方，船舶の運航に欠かせない技術として海技者による運航技術がある。平水を航行するときに必要となる運航技術から，大洋中を航行するときに必要となる技術へと変化・拡大した。航行海域により変化する条件に従い，海技者の達成すべき技術は変化し，高度化することとなった。航行の計画方法，船位の測定方法，そして船体の操縦方法などが検討され，船舶の運航目的を達成してきた。現代の船舶運航の現場を考えるとき，必要とされている技術はどのようなものであろうか。必要技術を示す代表的な記述として，国際連合の一機関である国際海事機関（International Maritime Organization）により「1978年の船員の訓練及び資格証明並びに当直の基準に関する国際条約」（The International Convention on Standards of Training, Certification and Watchkeeping for Seafarers, 1978）が制定されている。その一部は本書においても紹介するが，近代的な科学的検討による合理的な分析結果とは言えないものもある。海技者が運航の安全を確保して，運航を継続するためには，必要な技術を明確に定義し，その内容を機能面から分析することが必要である。これにより，船舶の安全運航に必要な条件が明確となり，より高い技術の発達を促

すことになる。

　そこで，第Ⅰ部の目的とするところは，知識あるいは学問として体系をなさないと考えられていた船舶運航技術に対し，技術の体系化を示すことである。したがって，船舶運航に必要な技術1つ1つを，詳細に説明し，必要な知識をすべて述べることを目的としていない。

　第Ⅰ部の解説により，巨大なシステムを安全に効率的に運用・管理する，技術者の高度な技能を認識するとともに，評価することの重要性を理解する一助となれば幸いである。船舶運航技術は巨大なシステムを安全に効率的に運用・管理する技術の代表例である。高度な運用・管理を実施する技術を正しく認識しなければ，現代社会の安全性を維持することは困難であろう。

第1章
安全運航の実現に関係する要因

1.1 航行環境の困難度

　船舶を安全に運航するためには種々の技能が必要である。さまざまな局面において必要となる技術は安全な運航を実現するために必要な機能に基づいて分類される。

　ここで，技術とは「目的を達成するために行うわざ」であり，技能とは「技術を実行できる能力」を示し，機能とは「はたらき，または役目を果たすこと」を意味している。

　種々の技術は，運航の局面に応じて必要な技術がその都度抽出され，実行される。これらの技術の内容については次章で詳しく考えることとする。いま，安全運航に必要な技術のなかで**船位推定**について考えてみる。船位推定は広い意味で地形条件に対する船位の推定行為と考えることができる。船位推定における要求技術のレベルは推定精度に関係している。大洋中を航行しているときは3マイル程度の誤差は容認できるが，沿岸から狭水域に進入するに従い容認できる誤差の大きさは極めて小さくなる。

　図 I-1-1 の横軸は航海環境の困難度に対応している。そこで，横軸で示される環境が要求する技能を決定する要因について考えてみる。図において，線分の左端に原点があり，原点から離れるほど航行の困難度が高い航行環境であることを示している。a 点で示される環境は b 点に比較して航行困難度が高い。これに対して，b 点で示される環境は a 点に比べて低い航行困難度の環境を示す。航行の困難度を決める要因については次の節で詳細に説明する。たとえ

図I-1-1　航海環境の航行困難度

ば，b点の状況が陸岸から50マイル離れた海域で，気象条件も静穏な状態を考えるとする。すると，a点の状況としてはb点より航行の困難度が高い次の海域状況が考えられる。海域は陸岸から10マイル以内，航行船も多く，風速が15 m/secを超える気象状況にある状態などである。

　読者は次のような疑問を持つであろう。そもそも，困難度とは何か，軸の表す困難度の単位は何であろうか。軸上のa点，b点の位置はどこか，両者の間隔はどれほどとればよいのか。実は，これらの問題は長い間，議論の対象となっているのである。このような疑問は本書を読み進めるに従い解決されていくであろう。

　ここでは，抽象的ではあるが，航行する海域や状況により安全運航の実現に困難度の差があることは確かであると同意してもらえたとして，先に進むことにしよう。

【補足】本来，困難度とは目的達成の難しさを表現する言葉である。その難しさを決める要素は，目的を果たす状況において与えられた条件と，目的を果たすための能力である。一般にある海域の航行困難度を議論するときには，可航域の条件や交通量，気象・海象条件を要因として考えることが多い。しかし，この場合には目的を果たすための能力，すなわち海技者の技能として，一定の技能を暗黙のうちに想定して困難度を推定していることに留意しなくてはならない。

1.2 航行の困難度を変化させる要因

　前節では，環境条件の安全運航に対する影響について考えた。言い換えれば安全な航海を維持し続けることの困難度の変化について考えた。そして，その困難度は関係する要因により変化するものであることが理解された。本節の議論からさらに次のステップへと進むこととなる。

　すなわち，航行する環境は，同一海域においても条件はつねに一定ではない。平均的な航行船舶数に対して，ある時は船舶数が増加することもある。また，濃霧の発生により視界が制約されることもある。図 I-1-1 で示される各海域の困難度は，ある条件を固定したときに決定できる，その海域の平均的状況における困難度を示していると考えるのが妥当である。そして，平均的に b 点の困難度で示される海域も時には平均以上の困難度を示すと考えると，変動する状態に対して統一的に困難度の検討が可能となる。このような状況の変化を発生確率の概念で示すことができる。図 I-1-2 は図 I-1-1 に加えて，縦軸に困難度が発生する確率を示している。平均的な困難度の状況を中心として困難度の変化する状況を図示したものである。

　各海域において，最も頻度が高く出現する困難度の状況が，a 点，b 点として示される。そして，平均的な状況が発生する頻度より低い確率ではあるが，より困難な状況が出現する可能性もある。反対に，平均的な困難度より低い困難度に変化する状況もある。平均的困難度から，より離れた状況が発生する可能性はより少ないことを図 I-1-2 は表現している。

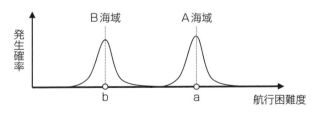

図I-1-2　航海環境の航行困難度と発生確率

表I-1-1　航行の困難度を決定する要因

① 本船の操縦性能
② 航行する地形・海域の条件
③ 気象・海象の条件
④ 海上交通の条件
⑤ 交通規則
⑥ 搭載された操船支援システム
⑦ 陸上からの航行支援体制

次に，航行の困難度を決定する要因（表I-1-1）について，詳しく考えていく。

① 本船の操縦性能

　操縦する本船の旋回半径の大小，停止距離などは，とくに狭い海域や交通の混雑する海域では，操縦の困難度に直結する要因である。また，VLCCなどの巨大船は速力を低減する性能が悪く，衝突の回避を速力調整で行うためには，極めて長時間の余裕が必要である。危険が目前に迫ってから速力調整で危険を回避できる小型船に比べると，同じ状況に対する安全航海の実現の困難度は大変高いと考えることができる。

　また，操縦性能として定義されないこともあるが，外力を受けることによる本船の運動を制御する困難度の変化も考える必要がある。自動車運搬専用船やコンテナ船は受風面積が大きく，風圧による回頭運動や横流れ運動が運動制御の困難度に影響を与える。上部構造の形状の影響が，安全性を決定する要因の1つとなる。

② 航行する地形・海域の条件

　航行する海域の広さや形状は本船の運動制御の困難度に影響を与える要因である。とくに一般には当然となった大型船の運航においては，水路の条件が航行の困難度の大きな要因となっている。水路の屈曲，幅，水深の影響により本船の運動制御の困難度が変化する。さらに航行する海域の条件は危険回避のための余裕水域の条件とも密接に関係してくる。安全な航行を実現するための制約条件として，航行の困難度を変化

させる要因となる。
③ 気象・海象条件

　　霧や降雨，降雪による視程の制限は安全運航の基本である目視による見張り業務に支障を与え，海技者が安全を確保するための困難度を高めるものである。また，狭水域における海流や大きな波浪は安全運航の維持に対して困難度を大きく増加する要因となる。また，①で説明したとおり，風などの外力は本船の運動制御の困難度に影響を与える。

④ 海上交通の条件（航行船舶の種類と数）

　　限られた海域内を多くの船舶が航行することは，見張り作業の困難度を増大させる要因であるとともに，複雑な行き合い関係は衝突の危険性を増大し，航行の困難度を増加する要因となる。

⑤ 交通規則

　　本来自由な航行が許されてきた海上交通において，船舶数の増大や船舶の大型化により，安全確保のために交通規則が施行された。その目的は規則性のない船舶流に規則性を持たせ，一定のルールのもとに航行することにより，安全性を高めることにある。航行海域の状況に見合った規則は，安全度を高めるとともに，航行の困難度を下げることに寄与する。交通規則の施行が船舶運航の安全性の向上に寄与する例は後述する。

⑥ 搭載された操船支援システム

　　RADAR/ARPA，ECDIS，AIS など，種々の航海計器が船橋に搭載されてきている。これらの機器は海技者の負担を軽減し，安全運航の実現に寄与することを目的としている。したがって，これらの支援システムの機能は船舶運航の機能達成の負担を軽減し，困難度を軽減する働きをする。

⑦ 陸上からの航行支援体制

　　特定の海域では陸上から航行船の情報，航行予定海域の気象や操業漁船の情報などを入手することができる。これらの情報は将来の不確定な状況を推定するために有効であり，航行の困難度を軽減する働きをする。

航行規則が船舶運航の安全性に変化を与える事例

ここでは，前掲⑤交通規則の項で述べた，航行規則が航行環境の困難度に与える影響について解説する。

図 I-1-3 において海域の平均困難度が μ_E の状況 a で示される海域に船舶の到着時間の管制を実施する場合を考える。これは到着時間間隔を一定以上確保する管制を実施する場合として想定できる。この管制により短時間に多くの船舶が集中することが回避される。

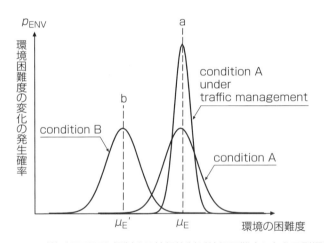

図 I-1-3　到着時間間隔を規制する航行管制が航行困難度に与える影響

すなわち，この管制の実施により船舶の集中到着がなくなることとなる。これにより，船舶が密集するなかを航行する，極めて困難度が高く，高い能力を要求する状況が回避される。しかし，航行する船舶の総量は同じであるから，集中到着の緩和により集中時における船舶の通行量が減少した分は，船舶の閑散期まで航行時刻が延長することとなる。すなわち，この管制の実施により，船舶が短時間に集中することが回避されると共に，航行船舶数が極めて少ない閑散時間帯も減少し，平均的交通量を維持する確率が高くなる。図 I-1-3 の，航行の管制下の状況 A において，平均的困難度の発生確率が高く変化していることが，この状況の変化を示している。

一般に航行管制の目的は危険な状況の発生を減少させることにある。管制により船舶の集中到着を減少し，平均的状況を出現させることができる。ここに示す表現法は管制による航行環境の変化の説明にも利用できる。このことから，環境条件の困難度の表現方法として，この方法が妥当であることがわかる。

航行の困難度を克服する海技者の技能

　航行の困難度が高くなると，安全を担保するためにはより高い技術の達成が要求される。この点から航行の困難度は，その状況において安全を維持するための技術レベルを示している。航行困難度の高い，狭小な航行海域では，誤差の小さい，精度の高い船位推定技術が要求されることとなる。このように，航行環境の困難度が高い海域では，安全運航に必要な技術レベルは高い必要がある。このことから航行環境の困難度が必要な技術レベルを決定するといえる。
　図I-1-4 の横軸は図I-1-2 の航行の困難度を，**環境の要求する技術レベル**に置き換えたものである。縦軸は状況が変化し，困難度の変化が発生する確率を示している。a, b 点を平均的な条件とするとき，状況の変化が発生する確率は a, b 点を中心とする確率分布曲線として図示される。表I-1-1 の航行の困難度を決定する項目のうち，①，②，⑤，⑥，⑦は通常，一定の条件として扱うことができる。しかし，③と④はつねに変化しうる条件であるから，これらの状況変化の影響により，環境が要求する技術レベルは変化することとなる。状況が変化し，困難度が変化するときにも，出現する困難度に対応して高い技術レベルを達成することが安全運航の維持に該当する。

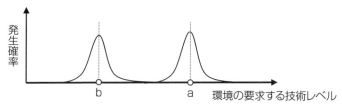

図I-1-4　航行の困難度を環境の要求する技術レベルに置き換えた図

重要事項：航行の困難度を変化させる要因

① 本船の操縦性能
② 航行する地形・水域の条件
③ 気象・海象の条件
④ 海上交通の条件
⑤ 交通規則
⑥ 搭載された操船支援システム
⑦ 陸上からの航行支援体制

1.3 海技者の船舶運航技能

安全な航行を実現することは，環境が要求する技能を海技者の技能が充足するか否かの問題と考えることができる。図 I-1-5 の軸は海技者が発揮できる技能を示している。右へいくほど発揮できる技能が高いことを示している。

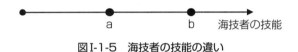

図I-1-5　海技者の技能の違い

図中の a，b の 2 人の海技者の技能を比較すると，b は a よりも高いこととなる。

海技者が発揮できる技能は次の各項により変化すると考えられる。

① 海技者が保有する海技資格のランク
② 海上での航海実歴の長短
③ 疲労の度合い（勤務時間の長さや立直の経過時間が関係する）
④ 緊張の度合い（航海環境の状況や海技者の集中などが関係する）

図 I-1-6 の縦軸は海技者の実行できる技能の発生確率を示している。図 I-1-5 では特定の海技者が示す平均的な技能レベルが横軸上に示されている。しかし，同一の海技資格を有し，同様な経験を経た海技者がつねに同一の技能を示すわけではなく，個人により発揮する技能には変化があると考えるのが一般的である。図 I-1-6 は，海技者の発揮する技能がつねに一定ではなく，変化するものであることを，発生確率の変化として曲線で表している。一方，1 人の海

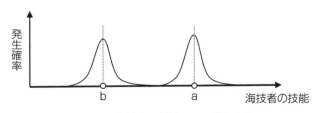

図I-1-6　海技者の技能とその発生確率

技者に注目した場合でも，その人が示す技能はつねに一定ではなく，③，④の要因により変化すると考えられる。個人の発揮する技能の変化はその人間の活性度の変化と考えることができる。

表 I-1-2 は大脳生理学の分野で定義されている注意力レベルの変化を表している。Phase 0 は睡眠中のようにまったく注意力がない状態を，Phase I は飲酒状態のように注意力の低下した状態を示している。Phase II はリラックスした状態で，通常の注意力が発揮できる状態である。Phase III は大脳の活動が活発で，極めて高い活性状態を示している。このような状態のとき，人は通常以上の高い能力，すなわち高精度で高速な情報処理を実現するといわれている。Phase III の状態がつねに発揮できれば困難な状況にも対応できるが，大脳生理学では高度な緊張状態を長く維持することは困難であるとされている。Phase III の持続時間は高々 5～10 分であるといわれている。一方，Phase IV は緊張の度が過ぎて，系統的な判断ができないパニック状態を示している。緊張しすぎるとパニック状態に陥るということは，注意すべきことであろう。

表I-1-2　大脳の活性度の推移を示す5段階の状況

Phase	Awareness
0	unconscious, sleep
I	careless, drunken
II	normal, relax
III	normal, active
IV	panic

表 I-1-2 は，人間の情報処理能力が状況により変化することを示唆している。このことを海技者の発揮できる技能に置き換えて考えてみよう。同一の海技者においても，発揮できる能力は一定でなく，さまざまな要因により変化すると考える必要がある。図 I-1-5 で示される平均的な技能は Phase II において発揮される能力であり，状況により Phase 0 や Phase I の状況となる。また，ある時は Phase III のように，平均以上の技能を発揮する可能性がある。肉体的条件や精神的条件による個人の発揮できる技能の変化を網羅するためには図 I-1-6

の表現が必要となる。

　図 I-1-7 を用いて 1 人の海技者の技能の変化を考えることとする。図において平均的に技能 μ_H を示す海技者 a は Phase II の状態である。この a が疲労などが原因で Phase I に近い状態になるとしよう。この状態は図において β の状態として表現できる。また，a が通常より高いレベルの技能を発揮できる状態，すなわち Phase III の状態は図の α で示すことができる。

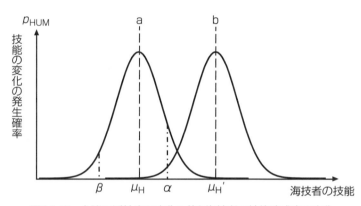

図I-1-7　大脳の活性度の変化に伴う海技者の技能達成度の変化

重要事項：海技者の船舶運航技能を決定する要因

① 海技者が保有する海技資格のランク
② 海上での航海実歴の長短
③ 疲労の度合い
④ 緊張の度合い

1.4 安全運航の成立条件

1.2 節においては，船舶が航行する特定の海域の環境条件により航行の困難度が決定することを示した。そして，その海域を安全に航行するためには海域の困難度を克服できる海技者の技能を示した。すなわち，海域の困難度により海技者に要求される技能が規定されることを示した。1.3 節では，環境が要求する技能に対する海技者の技能もまた，海技者毎に変化することを示した。**安全な船舶運航を実現**するためには両者のバランス状態を議論することが必要となる。

図 I-1-8 は両者の関係を示している。横軸に環境が要求する技能をとり，縦軸には海技者が実行できる技能を示している。図中の 45 度の傾きを持つ直線は両者の値が同一である状態を示している。すなわち，この直線上の状態を確保していれば**環境が要求する技能**と**海技者が実行できる技能**が等しく，環境が要求する技能を海技者が実行できることになり，安全な船舶運航が実現できる。この直線より上の領域は環境が要求する技能以上の技能を海技者が実行できる状態であり，やはり安全な運航が実現される。反対に，この直線より下の

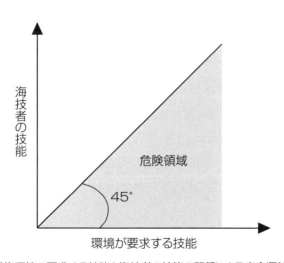

図I-1-8　航海環境の要求する技能と海技者の技能の関係による安全運航の成立条件

領域は環境が要求する技能レベルを海技者が実行できない状況を意味し，危険な運航状況であることを示している。このことから，図中の45度の直線は，安全な状態と危険な状態との境界を示す，限界線と考えることができる。

図 I-1-8 は船舶運航の安全性を判別する基本的な考え方を示している。すなわち，船舶運航の安全性は与えられた環境条件に対して，海技者が十分な技能を持っているとき実現される。一方，海技者が標準的な技術を持っていながら安全な運航ができないときは，航海環境の改善が必要とされていることを意味している。

図 I-1-8 において，環境の状況を決める要素が変化し，海技者に要求する技能と海技者が実行できる技能について，前述の 1.2，1.3 節で述べた状態の変動を加えて議論した関係が図 I-1-9 である。

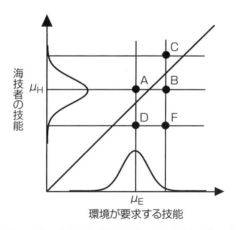

図I-1-9　環境の変化と海技者の技能変動に伴う船舶運航の安全度の変化

図において，環境が要求する技能が平均値として μ_E，海技者の技能が平均値として μ_H であるとする。両者が平均的な状況であるときが状況 A として示される。この状況は 45 度の線より上であるから，安全な運航が実現できることとなる。これに対して，環境の状況が悪化し航行の困難度が増加すると，海技者に要求される技能レベルが高くなり，状況 A が右に移動し，状況 B へ変化

したと表現される。状況Bでは，海技者が実行できる技能は要求される技能よりも低く，危険な状態へ変化したことを示している。この事態に対して，海技者が高い集中状態となり高度な処理が実行できるようになると（海技者の技能が上昇したこととなる），状況はCへ移行し，45度の限界線より上となり，再び安全な運航が実現できる。一方，環境は平均的な状態を維持しているにもかかわらず，海技者が疲労などの影響で緊張感が欠如すると，状況Dへと移行し，45度の限界線より低くなり，安全な運航は実現できない。海技者の緊張が欠如すると共に環境条件が悪化した場合はより危険な状況となり，Fの点として表現できる。45度の限界線からの垂直距離が大きいほど，より危険な状況であり，事故発生の危険性が増すことを示している。

重要事項：安全運航の実現の条件

　安全運航が実現できるか否かは「環境が要求する技能」と「海技者が実行できる技能」のバランスにより決定する。
　「環境が要求する技能」が「海技者が実行できる技能」より大きいとき，安全運航の実現は困難となる。
　「環境が要求する技能」が「海技者が実行できる技能」より小さいとき，安全運航の実現は可能となる。

1.5 安全な船舶運航に必要な技術

　船舶は出港してから目的の港へ到着するまでに，さまざまな操船局面に遭遇する。そして海技者はそれらの局面に対応して，必要な技術を実行し，船舶を操縦し，移動の目的を達成している。海技者は各局面において操船を実行するとき，その第1目標は事故のない安全な運航の実現である。船舶が遭遇する大きな事故としては他の航行船との衝突や浅瀬への乗揚げ事故などが挙げられる。嵐などの荒天時には転覆などの事故も発生することがあるが，通常の船舶では稀な事象となってきている。

　そこで，本書では通常遭遇する気象・海象の範囲内での安全航海を実現するための技術について考えることとする。

　周知のとおり，安全運航の実現のためには一定の海技技能を有することが要求されている。この要求は国内の規定を超えて，国際連合の一機関である国際海事機関（International Maritime Organization）が「1978年の船員の訓練及び資格証明並びに当直の基準に関する国際条約（STCW条約）」（The International Convention on Standards of Training, Certification and Watchkeeping for Seafarers, 1978）によって規定している。

　STCW条約における記述は図I-1-10の各項目で大きく分類されている。そのなかのCompetence（技能）とは，「安全な航行を実現するために必要な技術を実行できる能力」と理解すればよいであろう。そこで必要となるのが，安全な航行を実現するための**必要な技術**について理解することである。

Competence：
　技能の種類が定義されている。
Knowledge, Understanding and Proficiency：
　技能の基礎となる知識，理解，そして熟達の対象となる事項が示されている。
Methods for demonstrating competence：
　技能を確認する方法が示されている。
Criteria for evaluating competence：
　技能を評価する基準が示されている。

図I-1-10　STCW条約における必要技能の記載形式

そして重要な項目が**技能を評価する基準**である。どのような行動をとれば必要とする技能があると判断できるのか。技能判定の内容と基準の表現方法によっては，評価者による評価の結果が均一にならず，海技者の技能は一定の基準を確保できないこととなる。

では具体的には必要な技能とその技能に関する知識に対する評価の基準がどのように記載されているのか，内容の一部を図 I-1-11 に示す。STCW 条約では Competence（技能）が船舶運航の基本として扱われている。本書では技術と技能を別個のものとして定義することとする。**技術**とは安全運航を実現するために行う機能と定義する。そして**技能**とは必要な技術を実行できる能力と定義する。すなわち，技術は安全運航の実現のために明確に定義される。しかし，技能は人により技術として要求される機能の達成レベルが変化するものである。したがって，海技者の能力として評価されるものは技能であり，必要技術の達成レベルの程度が技能として評価されることとなる。

図 I-1-11 は船位推定についての記述の一部であるが，同様な記述内容が他の技能，たとえば操縦に関する技能にも示されている。図では船位推定の技術について実行すべき内容を示していると理解することが妥当である。順に記載内容を検討してみよう。

まず，Knowledge, Understanding and Proficiency は，実行すべき機能を達成する**技能の要素**として，「すべての条件を考慮した船位推定」における知識，理

Table A-Ⅱ/2 in Chapter Ⅱ in STCW CODE

Competence: Positioning

- **Knowledge, Understanding and Proficiency**: Position determination in all conditions.
- **Criteria for evaluating competence**: The primary method chosen for fixing the ship's position is the most appropriate to the prevailing circumstances and conditions. The obtained fix is within accepted accuracy levels, and the accuracy of the resulting fix is properly accessed.

図I-1-11　STCW条約における船位推定に関する必要技能の記載例

解，そして熟練度を対象としている。

そして Criteria for evaluating competence は，技能の評価基準として，「船位推定のための主たる方法は**予測される状況と条件**に対して**最も適切**であることが必要である。得られる推定船位は**許容できる精度**の範囲であること，そして測位結果の精度は**適切に評価されること**。」のように記載されている。

すなわち，以下の事項が達成できる技能が要求されていることとなる。

① 船位推定のための主たる方法は航行する海域の条件や搭載された機器の状況に応じて最も適切な方法であること。
② 得られた船位は航行する海域の状況に応じて，適切な精度を確保していること。
③ 測位結果の精度は使用した測位方法を考慮するとともに，測位に影響する要因について評価できること。

以上のように和訳された文章のなかで，太字の部分に注目する必要がある。太字の部分に共通することは，表現が曖昧な点である。STCW 条約の記述内容は以上のほかに若干の補足的記載事項はあるものの，曖昧な記述であることに変わりはない。国際的な規則として総括的な記述になることは否定しないが，基準となる記述であるからには複数の解釈ができることは避けるべきであろう。結果として，このような曖昧な表現は，教育・訓練の担当者による解釈の違いが生まれる原因となる。解釈の違いがあれば，教育・訓練の内容に違いが生まれるであろう。そして，訓練生に対する技能評価の基準に違いが生まれるであろう。結果として，異なる教育・訓練の担当者によって教育された海技者の技能は同等にならない。そして，異なる技能の海技者が同等の海技資格を有する事態が生じることとなる。

STCW 条約は標準的に統一された一定の技能レベルを海技者が保有することを目的としている。その目的から考えるに，技術の内容，そして海技者のレベルに応じた技能内容を明示する必要があると，著者は考えている。

1990 年代，IMO の内部において，船舶の運航技術に関して Functional Approach の概念が提唱されたことがあった。Functional Approach の考え方は，安全運航に**必要な技術を個別に分類，評価する**ものである。この考え方

は，通常人間が行っている機能達成の内容を分類し，個々の必要機能を明確化する上では，大変わかりやすいものである。しかし，IMOにおけるFunctional Approachの考え方は，一時的に提唱されるだけで終わってしまった。分析作業は行われず，検討の流れも途絶えてしまった。

一方，わが国においては1997年に海技技術の検討結果が日本航海学会で発表された（1997年「操船技術の要素技術展開について」日本航海学会論文集）。検討は，船上における海技者の行動分析から始まり，各行動が運航の安全を確保するためにどのように貢献しているかを検討している。数百に及ぶ行動を，その行動により達成される機能ごとに分類，整理している。

たとえば，Compassにより目標物標の方位を計測することは，船上においてしばしば行われる。しかし，物標を計測する行動は，その目的により，安全運航にかかわる機能が異なる。1つには陸上物標の方位計測は，本船の船位推定を目的にする場合がある。またある時は，航行船の方位測定は衝突の危険性の有無の判断を目的にしている。同じ行動であっても，船舶の安全運航のためにとる行動は，行動そのものよりも**行動の目的**が安全運航の実現のための必要機能に関係していることが重要である。船上における行動は，必要な機能を達成するために行われていることを忘れてはならない。言い換えれば，必要な機能を達成していない行動は安全運航の実現に貢献していないことに等しい。**行動の目的を考慮せず，船上における海技者の行動を分析するだけでは，安全運航に必要な技術を分析することはできない**ことが理解されるであろう。

上記の研究においては種々の行動を分析し，目的とする機能を分析している。その結果，海技者のさまざまな行為は船舶の安全運航に必要な機能の達成に該当していることが明らかとなった。この必要機能は，船舶の安全運航を実現するために必要な技術と考えることができる。そしてこの技術は9項の技術体系に分類できることが明らかになった。「安全の実現のためにどのような機能の達成が必要とされるか」というこの分析は，IMOが提唱したFunctional Approachにまさに該当するものであり，STCW条約で表現されているような対象局面ごとの必要技能の整理とは異なる視点である。この分析研究により，安全運航を実現するために必要な技術が明確になり，その技術の達成度が海技者の能力すなわち技能を示すことが明確に定義されるに至った。

重要事項：技術と技能

本書では，海技にかかわる技術と技能を次のとおり定義する。
- 技術とは安全運航を実現するための必要な機能
- 技能とは必要な技術を実行できる能力

1.6　対象とする運航局面

　船舶は出港してから目的港へ到着するまでの間，種々の運航局面に遭遇する。代表的な局面としては以下が想定される。

　① 離着桟操船
　② 港内操船
　③ 制限水域航行（航路航行）
　④ 沿岸航行
　⑤ 大洋航行

　本書で対象とする船舶運航技術はすべての局面において共通する技術であり，安全運航に欠かせない基本的な技術である。本書では，対象とする運航局面における事故の防止を考える。安全運航の実現に必要な主たる要件は，座礁と衝突事故の防止であろう。
　これらの事故が発生する確率はそれぞれの局面により異なる。発生確率の高低が航行の難しさに関係してくる。たとえば，航行可能水域の広い大洋中や沿岸域においては座礁の危険性は小さく，また遭遇する他の船舶の数も少ないことが通常であるため，船位推定や他船監視の頻度や精度が低い状況も許されるであろう。しかし，可航水域が制限され，かつ船舶の交通が頻繁となる沿岸，制限水域や港内操船の局面では，高精度の船位推定を頻繁に行うことが必要である。また航行船舶との干渉も頻繁となり，衝突事故の可能性が高まるので，多くの航行船に対して頻繁に高精度の見張りを行い，現状の認識とともに将来の衝突可能性の推定が必要となる。
　次章では，上に掲げた各運航局面において安全な航行を実現するために必要な技術について，9項の基本技術に基づき詳しく説明する。

第2章

船舶運航技術の分析

　船舶の安全運航を実現するために，海技者が実行すべき機能を提示しているのが IMO の STCW 条約である．しかし，1.5 節で述べたようにその記載方式は運航局面を基準としており，異なる運航局面において，同種の技術が必要技術として指摘されている．つまり，海技者として要求される技術が重複して記載されている．一方，必要技術の内容についての記載は不明確である点を先に指摘した．

　必要技術の具体的内容の明確化は，海技技術の教育の高度化と効率化のために欠かせない事項である．この課題を解決するために，海技技術に関する専門家の検討会が 1995 年に実施された．この会議では海技教育機関の大学，高等専門学校，航海訓練所，海運会社などから，海技に関する専門家が集い，熱心な議論が展開された．会議の目的は船舶運航技術の整理と内容の明確化と全体の構成を明らかにする点にあった．船舶の運航技術は長い歴史のなかで時間をかけて進化し，洗練されてきた．時代により必要となる運航技術のうち，いくつかの技術は重要性が減少し，一方で重要性が増大してきた技術もある．技術の歴史は長く，その変遷も複雑である．このような背景のもとに，現時点において運航技術の重要性は確認されているが，各技術を全体として議論し，整理し，その全体像を明らかにすることはなされなかった．

　船舶運航技術を分析し，整理し，内容を明確化し，全体像を明らかにする必要性はどこにあるのか．明らかにすることは何に益するのか．詳しくは後の第4章に記載するので，ここでは技術を明確化することの重要性についてのみ列挙する．

① 安全を維持するために必要な技術が具体的に明確になる。必要技術は，操船局面毎に変化する環境条件により変化する。環境条件が要求する必要技術の達成により，安全な運航が確保されることとなる。
② 安全を維持するための技術と海技者の技能との関係が明確になる。技術を達成できるレベルが技能として定義できる。海技者は必要となる技能を修得することが必要となり，技能養成内容が明確になる。また，海技者の有する技能を具体的に評価することが可能となる。
③ 人間として海技者が達成できる技術に限界があることが明らかとなる。その技術範囲で安全運航が達成できる環境づくりが必要となる。現状の運航環境の安全性評価を，標準的な海技者の技能を基準として評価できる。
④ 技術者の達成できる技能範囲を広げるための支援システムの発想が生まれる。
⑤ 発生する海難事故を海技者の標準的技能のレベルから評価することにより，事故原因が海技者にあるのか，事故が発生した航海環境にあるのかが明らかとなり，有効な事故の再発防止対策が提案できる。

安全運航に必要となる技術を，船上において海技者の実施している機能，STCW条約の指摘技術をはじめ，海事に関連する国際条約に基づき，整理・分類した結果，海技者が実行すべき技術は，9項の基本的要素となる技術に体系化されることとなった。

これを9項の要素技術あるいは「9 E.T.」（Nine Elemental Techniques）と呼ぶこととする。本章では各技術について紹介する。はじめにすべての技術項目を以下に示す。各技術の英語表記を含めて表I-2-1に示す。

- 航海計画の立案に関する技術
- 見張りに関する技術
- 船位推定に関する技術
- 操縦に関する技術
- 航行規則などの法規遵守に関する技術
- 情報交換に関する技術

- 機器取り扱いに関する技術
- 異常事態に対する技術
- 技術と人を管理する技術

表I-2-1　要素技術の一覧

日本語表記	英語表記
計画	Planning
見張り	Lookout
船位推定	Position Fixing
操縦	Maneuvering
法規遵守	Rule of Road Observance
情報交換	Communication
機器取り扱い	Instrumental Operation
異常事態対応	Emergency Treatment
管理	Management

　以上の技術は，航海の現場では衝突回避や座礁予防など，安全運航を実現するために，組み合わされて実行されることになる。この点から，これらの技術は安全な航海を実現するための基本要素としての技術と考えることができる。このことから上記9項の個々の技術を**要素技術**と称する。そして，各操船局面において実行される技術内容を要素技術に分解することを**要素技術展開**と称している。

　図I-2-1は安全運航を実現するために海技者が備えるべき条件を示したものである。この図で示されている八角形の柱は海技者が船舶運航に必要な技術を達成する状況を模擬している。柱の最下層には，肉体的な条件として身体の健康が必要であることを示している。病気や睡眠不足，飲酒・酩酊状況は上層の機能達成には不都合である。その上の層には精神的な条件が示されている。不安や心配事のない状況にあることが条件となる。その上の層には基礎的な知識を備えている必要性を示している。たとえば，事象を的確に捉え，論理的に状

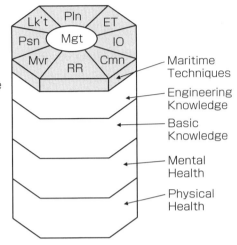

9 Elemental Techniques
- Pln : Planning
- Lk't : Lookout
- Psn : Position Fixing
- Mvr : Maneuvering
- RR : Rule of Road Observance
- Cmn : Communication
- IO : Instrumental Operation
- ET : Emergency Treatment
- Mgt : Management

図I-2-1 安全運航を実現するための海技者の人格構造

況を把握し、解決する能力などである。その上の層は工学的知識を習得していることの必要性を示している。たとえば、数学や物理、電気・電子に関する知識などである。そして、最も上の層に海技に関する9項の技術が位置する。

　海技に関する技術については2.1節以降に詳述するが、ここでは、最上層の海技の達成に必要な条件について考えることとする。この図の示す意味は、海技はそれだけで目的を達成するものではないということである。工学の知識がつねに必要であり、事象を適切に把握する能力が必要である。そして、これらの知識と対処を確実にするためには肉体的、精神的に健全な状況がなければならないことを理解することが必要である。発生した事故の原因を見てみると、過労のために見張りが不十分であったり、考え事をしていて見張りはしていても気付くのが遅れたりするケースもある。また、他船との相対運動を示すRADAR情報の意味するところが理解できず、互いの針路や交差状況の把握を誤ることもある。海技のみでなく、海技を十分に発揮するためには、図I-2-1において示される下層部分の重要性も指摘されることとなる。しかし、これまでは、時として図I-2-1の構造を忘れ、すべての層の議論を分離せず、問題点の指摘を誤るケースも散見される。

本章においては図の最上層に示される船舶運航技術について話を進めることとする。

次に各要素技術の内容を詳しく説明する。各要素となる技術毎にその技術の定義，技術の行使により達成される機能，そしてその機能達成に影響を与える外部要因を述べることとする。詳細な説明は 2.1 節より行うが，9 項の要素技術の一覧を表 I-2-2 に示す。表では各要素技術の**定義**とその**技術の達成により実行される機能**が示されている。この機能は，STCW 条約においては，各種の操船局面に対して，共通して適用できる表現により記載されている。操船局面が異なる場合でも，達成しなければならない機能は同様に記述できることが理解できるであろう。また，1 つの技術のなかにいろいろな内容の機能を含むことも理解されるであろう。このことは，1 つの機能を達成できない原因が，その機能を含む技術の理解不足であるのか，技術の修得不足であるのかに，気付くきっかけにもなるであろう。

さらに表には，その技術の**達成に関係する影響要因**についてもまとめられている。STCW 条約の記載形式が，操船局面対応となっている原因がここにある。すなわち，異なる操船局面において，ある特定の技術の重要性を指摘しているが，技術そのものは同一であり，条件が変化しているだけなのである。STCW 条約における技術に対する分析の不十分さが指摘される点である。

一方，海技者としては，異なる視点から，技術の**達成に関係する影響要因**を読み解いてほしい。自分はこの技術を十分に達成できると考えている場合でも，関係する外部要因の変化すべてにおいて，本当に技術を達成できるのか。そのような視点で表 I-2-2 を読んでもらえれば，さらなる技能の向上に役立つことになると考えている。

ところで，図 I-2-1 で Management の要素技術が他の要素技術とは異なる配置になっていることに気付いたであろうか。この点については，「管理」に関する要素技術の説明（2.9 節）において詳しく述べることとなる。図 I-2-1 の最上層に該当する船舶運航技術の内容を拡大したものを図 I-2-2 に示している。本書の目的とする技術に該当する重要な要素が指摘されている。

表I-2-2　9項の要素技術の定義，機能と機能達成に影響を与える要因

要素技術		内容
計画	定義	航海環境の条件に関連する情報を収集し，航海計画を作成するとともに，計画を実行するための実施計画を作成する技術。
	主な機能	(1) 計画立案のための必要情報の項目を理解する (2) 情報の利用方法を理解する (3) 情報を実際の計画に反映する (4) 状況に応じた計画の変更を行う
	影響要因	(1) 交通規則や規定 (2) 航行に有効な情報の質と量（たとえば推薦航路の存在） (3) 入手可能な基本情報の質と量（気象・海象や地形や水域の情報，航海に関する情報） (4) 航行海域（大洋，沿岸，狭水道，航路，港内，河川） (5) 航海の目的（航路航行，投錨操船，着桟操船）
見張り	定義	静止物標や移動物標を検出し，それを識別し，対象物の種類，距離，方位，移動速力と移動方向を推定し，将来の干渉状況を予測する技術。
	主な機能	(1) 現在状況を認識する（対象船の種類，運動（位置，針路，速力）） (2) 将来状況を予測する（対象船の運動（将来位置，針路，速力）とその変化，本船との干渉の発生状況の推定（CPA，TCPA，船首あるいは船尾からの航過距離））
	影響要因	(1) 航海機器（Compass, RADAR/ARPA, AIS, VTIS） (2) 視程 (3) 航行船の交通量と交通流特性 (4) 航行条件（航路の設定，交通法規）
船位推定	定義	目視や航海機器により最適な目標物を選択して，本船の位置を推定する技術。船位を推定する技術に加えて，本船の運動に影響する要因とその大きさを推定する技術も含まれる。
	主な機能	(1) 船位推定のための情報収集の方法を選択する（測定機器の選択，船位推定のための目標物の選択） (2) 船位を推定する（要求精度，頻度の実現） (3) 本船の運動状態を推定する（運動方向，運動速度，回頭角速度，風や潮流の推定）
	影響要因	(1) 船位推定のために利用できる機器の種類（Compass, RADAR, GPS, Echo sounder） (2) 航海環境の条件（航行海域，測位利用可能物標） (3) 視程 (4) 外乱要素（風や潮流，電波伝搬状況）

〔第 2 章〕船舶運航技術の分析　49

(表 I-2-2 の続き)

要素技術		内容
操縦	定義	舵の操作や主機などの制御により，本船の針路，速力，位置を制御する技術．
	主な機能	(1) 運動を計測する (2) 操作機器を選択・決定する（舵，主機，Side thruster, Tug boat, Anchor, Mooring line など） (3) 操作量を決定する（操作対象の機器が単一の場合と，複数の機器を同時に操作する場合がある）
	影響要因	(1) 操縦目的（針路保持，船位制御，速度制御，着桟操船など） (2) 利用可能な制御手段（舵，主機，Side thruster, Tug boat, Anchor, Mooring line など） (3) 外力（風，潮流，水深，複数船舶間の干渉，岸壁からの干渉）
法規遵守	定義	国際海上衝突予防法，海上交通安全法，港則法などの規則に基づき航行する技術．
	主な機能	(1) 法規・規則を理解する (2) 法規・規則を現実の航行に反映し，実践する
	影響要因	(1) 法規・規則の種類 (2) 他の航行船の状態 (3) 法規・規則が適用される条件（海域，気象・海象，船種，船体要目）
情報交換	定義	VHF 無線電話などの通信手段を用いて船内，船外と情報交換をする技術．
	主な機能	(1) 情報交換の方法を選択する (2) 情報交換の内容を作成する (3) 情報交換の時期を選択する (4) 情報交換のための言語を活用する
	影響要因	(1) 情報交換の相手（海上交通センター，他の船舶，船橋内や本船内） (2) 情報交換を行う状況（緊急時，標準的情報交換） (3) 情報交換の手段（発光信号，旗りゅう信号，VHF など）
機器取り扱い	定義	見張り，船位推定，操縦などの技術を達成するために機器を有効に活用する技術．
	主な機能	(1) 利用できる機器を認識する (2) 必要な情報を得るための機器の利用方法を理解する (3) 機器の提供する情報の特質を理解する (4) 提供される情報の活用方法を理解する
	影響要因	(1) 利用可能な機器の種類 (2) 機器より得られる情報の利用目的

(表I-2-2の続き)

要素技術		内容
異常事態対応	定義	主機，操舵装置などの船内機器の異常事態や本船を取り巻く環境状況の異常事態の発生を認識し，故障への対処や異常事態に対応する各種の必要行動をとる技術。
	主な機能	(1) 異常発生箇所を認識する (2) 異常や故障を修復する (3) 異常や故障の発生に対して関連して行うべき事項を達成する (4) 航行船の異常行動を認識し，対処する (5) 気象・海象の異常を認知し，対処する
	影響要因	(1) 異常事態の内容（船体，貨物，機関，操舵システム，航海機器，荷役システムなど） (2) 周辺航行船舶の異常事態発生 (3) 気象・海象の異常
管理	定義	上に示した 8 項の要素技術を組み合わせて安全運航に対処する「技術管理」と，チームメンバーの技能を最大限に活用してチームの機能を高める「組織管理」の技術。
	主な機能	(1) 管理の対象を理解する（Bridge Team Management，技術管理） (2) 管理の方法を理解する (3) 管理技術として実行すべき内容を実行する (4) 機能を評価する (5) 組織管理に関しては組織員の技能を評価する
	影響要因	(1) 管理の対象 (2) 組織管理に関しては組織員の技能

〔第 2 章〕船舶運航技術の分析　51

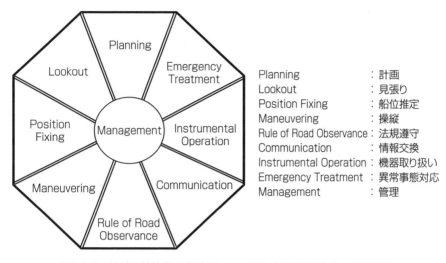

図I-2-2　船舶運航技術の体系としての9項の要素技術とその相互関係

重要事項：運航技術の要素技術展開

　安全運航を実現するために必要な技術は，次の9項の要素により分解・整理できる。

- 航海計画の立案に関する技術
- 見張りに関する技術
- 船位推定に関する技術
- 操縦に関する技術
- 航行規則などの法規遵守に関する技術
- 情報交換に関する技術
- 機器取り扱いに関する技術
- 異常事態に対する技術
- 技術と人を管理する技術

2.1 航海計画の立案

　航海計画を立案するために**必要な情報を収集**し，得られた情報に基づいて**安全な航海計画を立てるための技術**がこれに該当する。必要な情報源は海図や水路図誌，港湾情報誌，気象予報，潮汐表など多岐にわたるが，航海の海域や本船の性能に応じて，適した情報の収集が必要である。そして，得られた情報は航海計画として海図上に記載される項目や，計画表として記載されることとなる。

定義

　航海計画の立案に関する技術とは，航海環境に関連する情報を収集し，航海計画を作成するとともに，航海計画を実施するための実施計画を作成する技術である。

機能

　計画立案の技術の達成は次の各項目の機能が実現されたときになされる。

(1) 計画立案のための必要情報の項目を理解する

　航海計画を作成するためには，海図をはじめ，潮汐表，航行に関する規則などの情報である航路分離帯域，航行に関する信号，VTIS（Vessel Traffic Information Service）との連絡方法に関する情報の収集，本船の喫水に関する情報，気象・海象の予測情報，そして航海距離表など，必要なすべての情報の収集に努めなければならない。

(2) 情報の利用方法を理解する

　収集した情報を本船の航海目的に合わせて取捨選択し，有効な情報に加工して利用することが必要である。初心者の場合は，情報を読み飛ばすことなく，1つ1つの記述を本船の状況と対応させて熟読するように心掛けることを勧める。

(3) 情報を実際の計画に反映する

　必要な情報に基づき，海図上に航海計画として記載することとなる。記載に関する要点は「航海計画の作成」の項で詳細に説明する。海図のみでなく，関係する文書にも適切に記載するとともに，重要な点は自身の記憶のために別に記述しておくことも必要である。

(4) 計画変更の必要性を理解し，状況に応じた計画の変更を行う

　航海を実行する過程においては，種々の予期せぬ事象の発生により，本来の計画を変更することがある。たとえば，気象・海象の急変，本船上での異常事態の発生，港の閉鎖などの事態が発生したときには，状況に対応した新規の計画を立案することが必要である。本来の計画の実行の困難性を理解し，躊躇せずに新たな計画を作成することが必要である。

計画の機能達成に影響を与える要因

　航海計画の立案においては，上記の機能を達成することが目的となる。計画の立案について考慮すべき主要な項目を次に列挙する。これらの項目が計画立案に対してどのように考慮されていくかについては，次項「航海計画の作成」で詳しく述べることとする。

(1) 交通規則や規定

　規則，規定により定められた航行方式や陸上の関係機関との連絡・通報は，これに従うことを考慮して計画を立案する必要がある。

(2) 航行に有効な情報の質と量（たとえば推薦航路の存在）

　信頼性の高い情報とそうでないものとの識別が必要である。また，公表されていない情報についても，経験者からの入手を心がけることが必要である。経験が豊富な海技者は，ごく自然にさまざまな状況を想定し，あらかじめ関係する情報を収集することができる。乗船の機会が減少する現在では，多くの状況を自然に想定することは難しくなっている。経験のみによらず，さまざまな状

況を想定する努力が必要となっている。

(3) 入手可能な基本情報の質と量
　　（気象・海象や地形や水域の情報，航海に関する情報）
　入手できる情報と航行の内容，情報の用途の関係につねに留意し，検討することを習慣づけることが必要である。情報の取得は計画段階のみではない。航行が進むに従って入手可能な情報もある。情報収集の機会を想定しておくことも必要である。

(4) 航行海域（大洋，沿岸，狭水道，航路，港内，河川）
　航行する海域により，留意すべき事柄は異なるのが通常である。たとえば，水深の考慮や航行船への配慮，そして海潮流の船体運動への影響や浅水影響，陸岸からの側壁影響などがある。操船に関することは2.4節「操縦」で説明する。ここでは，船体運動制御に加えて，航行海域に対応する運航上の計画として，パイロットの支援や海上交通センターとの交信なども計画段階で確認しておく必要性を指摘しておく。

(5) 航海の目的（航路航行，投錨操船，着桟操船）
　船舶の運航において，通常の航海状態での航行と，停泊前後における揚投錨や離着桟操船とは異なり，それぞれの船舶操縦に影響を与える要因にも特色がある。気象・海象は，つねに船体運動に影響を与えるものである。また，曳船の使用方法や操船方法も事前に理解しておく必要がある。

航海計画の作成

　航海計画を作成する上での重要点を述べる。

(1) 大洋中における計画
　縮尺率の最も大きな海図上に計画経路線を記載するとともに，およその距離を記載する。次の項目を示すことも必要である。

- 航海時間
- 変針点を通過する予定時刻
- 沿岸域や狭水路を通過する予測時刻
- 目的地に到着する予測時刻

(2) 沿岸域・狭水域における計画

沿岸域や狭水域を通過するための計画では，次の各項を記載することが必要である。

① No Go Area

航行する海域の水深や本船の喫水との関係，そして潮汐の影響により，航行できる海域に制限が発生することになる。このような条件から本船が進入することが不可能な危険領域を No Go Area と呼んでいる。No Go Area は，安全な航行を実現するために大変重要な設定である。このため，つねに本船位置と No Go Area との関係を海図上に明確に示しておくことが必要である。通常，No Go Area は斜線で海図上に示される。

② Safe Water

次の項目を考慮することにより，安全な航行を実現するための基本となる Safe Water を決定することができる。

- 喫水や操縦性能などの本船の条件
- 航海機器の精度や設備状況
- 海流，潮流，潮高の影響
- 船底と海底との距離（Under Keel Clearance）
- 浅水域や障害物からの離隔距離

③ Under Keel Clearance（UKC）

UKC は座礁の防止や操縦性能の確保のために重要な要件であり，安全を確保するために明確に規定しておくことが必要である。操縦性の観点からいえば，水深が喫水の 2 倍を下回ると浅水影響が表れてくる。すなわち，船底と海底との間隔が喫水と同じになった時点から，旋回

性能や加減速運動などの発達の速度が低下してくることとなる。とくにUKCが20%を下回る時点から浅水影響は著しく増加する。しかし，VLCCなどの深い喫水を示す船舶では，UKCが20%の海域を航行することも要求される。操縦性を確保する観点からは，喫水の20%以上のUKCとすることが必要である。20%未満になるときには，通常の操縦性能とは異なる旋回性能や加減速性能となるので，あらかじめ特性の変化を吟味しておく必要がある。安全の確保を目的として設定するUKCには次の点についての配慮も必要である。

- 水深の計測精度
- 本船の縦揺れや横揺れなどの動揺によるUKCの変化
- 浅水影響によるSquatの可能性
- 本船の速度，とくに急激な増速と減速

④ Aborts and Contingencies

航海を継続するか否かを決定しなければならない状況は予期せずして発生するものである。このようなとき，最良の決断をするためには，あらかじめ復航限界点を定めておくことが望ましい。この復航限界点を決定するためには次の点を考慮する必要がある。

- 狭水域への入域時や港湾への入港時は，狭水域では入域線，港への入港時は港域境界線までの距離
- 主機ならびに航海機器などの作動状況
- パイロットやタグボートの支援を受けられる可能性
- 気象・海象条件

(3) その他の一般的事項

海図上に航海計画を記述するときの一般的な方法は以下のとおりである。

① コースラインとその針路を記す（針路は3桁で示す）
② 変針点を記す（顕著な陸上物標への方位と距離）
③ 大角度変針の場合には操舵開始点を記す
④ 安全な航海を維持するために安全境界指示線や船首目標線，船首目標を

記す
⑤ 次の海図に切り替える地点と，次に使用する海図番号を確認する
⑥ VHF で連絡すべき点と，連絡内容を記す
⑦ その他，注釈として示すべき事項
- 交通量の多い海域（漁船の存在や他の航行船舶の航行ルート）
- 航海上，注意を要する事項
- 日出没時刻
- 潮汐の変化

(4) 入港・出港や狭水域航行に関する事項
① S/B engine に関して
- 船長，機関長の呼び出し予定点
- 主機を操作する開始点
- Pilot station までの距離
② Abort point に関して
- 緊急投錨の位置と待機水域
- 初期の計画を変更する場合の変更経路
③ Pilot station に関して
- Pilot ladder を用意する地点
- タグボートの係船方法
- 船首，船尾の部署配置地点

※狭水域通過時の海図の記載事項の例
　沿岸域や狭水域を航行するときに海図上に記載することが必要な前記の事項を反映した状況を図 I-2-3 に示す。
　図では航海計画が太い実線で書かれている。これより少し離れた部分に 360 度方式の船首方位が記入されている。少し離して書いているのは，実際の航行において計画線より偏位して船位が計測されるときの余裕をとるためである。計画経路の途中，変針が予定される地点は円を描き明示している。次に計画経路から両側の目標物までの距離や離隔距離が示されている。航行の安全性を高

58 〔第Ⅰ部〕船舶運航技術の解説

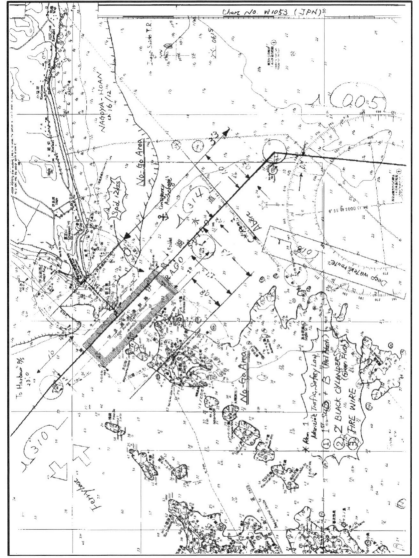

図Ⅰ-2-3 海図上に作成された航海計画の一例（海上保安庁図誌利用第280004号）

めるための重要な要素であり，パラレルインデックスを適用するための準備でもある。次に重要な点は No Go Area の記入である。本船の喫水と水深との関係から，Under Keel Clearance に基づき設定される航行可能水域の限界を示している。図ではこの他に，この海域を航行する上での留意事項，関係する情報が海図上に記入されている。

- 本船と遭遇することが予想される海上交通流
- 航行船速
- 当該海域を航行するときの形象物
- 潮汐
- 陸上との連絡に関連する事項

以上の情報を海図上に記載し，つねに注意を向けられる準備をしている。ECDIS の使用が一般化しているが，これまで紙海図上に書かれていたこれらの情報が終始参照される体制を維持することは，安全運航を実現するために必要であろう。

重要事項：航海計画の技術により達成すべき機能

① 安全な航海計画を立案するための情報収集の機能
② 収集した情報を安全な運航を実現するために利用する機能
③ 収集した情報を航海計画の立案に反映し，完成する機能
④ 航海の途中においても，計画の変更が必要である状況を判断し，新規の計画を作成する機能

2.2 見張り

「見張り業務」として総称される技術は，静止物標や移動物標を検出し，それを識別することから始まる。さらに船舶などの移動物標については，対象物の現在の状況，すなわち種類，距離，方位，移動速力と移動方向を推定することが必要となる。そして，これらの情報から将来の状況を推定することが重要である。とくに他の航行船については将来予想される本船との衝突あるいは接近の危険度を推定することが「見張り技術」の内容として要求される。

定義

見張りに関する技術とは，静止物標や移動物標を検出し，それを識別し，対象物の種類，距離，方位，移動速力と移動方向を推定し，将来の干渉状況を予測する技術である。

機能

見張りの技術の達成は次の各項目の機能が実現されたときになされる。

(1) 現在状況を認識する

対象船の種類，運動（位置，針路，速力）

(2) 将来状況を予測する

対象船の運動（将来の位置，針路，速力）とその変化，本船との干渉の発生状況の推定（CPA，TCPA，船首あるいは船尾からの航過距離）

見張りの機能達成に影響を与える要因

(1) 航海機器（Compass，RADAR/ARPA，AIS，VTIS）

見張りの主要目的は，危険物の発見とその動静把握により，衝突を回避することである。目視による見張りが基本であるが，航海機器は見張り活動の能力

を向上させることに役立っている．しかし，重要なことは，これらの機器には特有の特性があるので，その特性を考慮して有効に使用すべきである．機器使用に関することは 2.7 節「機器取り扱い」で詳説する．

VTIS（Vessel Traffic Information Service）を見張りの機能達成に影響を与える要因として指摘している背景を説明しよう．見張りの目的の多くの部分が危険物の発見と回避であることを考えると，対象となる他の航行船の存在と動静の情報を VTIS から提供される状態は，見張り機能達成に大きく貢献する．VTIS の提供する情報は正確度が高く，また，機器による将来予測の範囲を超える長い期間の他船の情報を提供することも期待される．したがって，見張りの機能達成のためには，VTIS の提供する情報を有効に活用することを忘れてはならない．

(2) 視程

目視により見張りを実行し，周囲の状況を推定することは，海技者の基本的な必要技能である．しかし，天候によっては霧や降雨，降雪により視認できる範囲が限定される場合が多く発生する．しかし，このように視程が制約される場合でも，周囲状況の把握は安全な運航を維持するために欠くことのできない機能である．

狭視界における見張り機能を達成するために，RADAR の他，各種の支援システムが発達してきている．これらの支援システムの開発は，見張り機能の維持が安全運航の維持に必要不可欠であるためである．たとえ視程が制約される状況においても，視程が良好なときと同様の見張り機能を達成する必要がある．

(3) 航行船の交通量と交通流特性

見張りの対象の多くは船舶である．対象の船舶が多くなると，限られた時間内において見張りの目的とする機能を達成できない場合もありうる．海技者の行動特性を解析した結果によると，1 船を監視し，必要な情報を得るためには，約 10 秒の注視を必要としている．周囲に多くの船舶が存在するときには，それぞれの船舶に対して繰り返し継続監視を行うと，極めて多くの時間が必要で

あることが理解される。海技者のおかれた状況は時に厳しく，十分な見張りを実行できないまま航行を継続せざるをえない状況も発生する。経験の豊かな海技者は見張りに優先順位を付けて，危険船を早期に判別し，必要な見張りを実行していることも確認されている。**危険船の判別や見張りの重要度の優先順位付けが必要となる。**それらに影響を与える要因として該当海域の交通流特性がある。交通流に一定の特性がある場合には，将来状況の推定が行いやすく，見張りにかける時間も短縮できる。しかし，交通流の特性は必ずしも限定されたものでなく，時に一般的特性と異なる航行を行う船舶もあるので，できる限り継続的な見張りを行うべきであろう。

(4) 航行条件（航路の設定，交通法規）

交通流の特性は港の配置や水域の形状，船舶の種類により，自然発生的に形づくられるものである。このために，本来の交通流は一定の傾向を示さない。一定の交通流がない状況では，船舶間が接近する地点の予測は多大な負荷を海技者に与え，時に衝突事故を誘発する原因となる。これに対して，交通流に一定の規則性を与えることにより，互いに他の船舶の行動が予測しやすくなる。航路の設定や交通法規を制定する目的はこの点にある。互いの行動予測が容易になると，見張り業務の負担は大変軽減されることとなる。

見張りの実行

(1) 現在状況の認識

本船を取り囲む現在の状況を認識するためには，周囲の船舶の種類ならびにその動静を知ることが必要である。動静を知るためには，その位置を示す本船からの距離と方位を知り，さらに移動物体である場合にはその針路と速力を知る必要がある。

対象物の発見や動静を把握するための方法を選択することも重要な要素である。通常，目視による見張りの重要性が指摘される。これは視界状態にもよるが，**目視による見張りは他の方法よりも早期にかつ発見のミスが少ないためで**ある。さらに，注意深い目視観察により，対象物の種類や動静がかなりの範囲

で把握できる。RADAR/ARPA そして ECDIS の発達により，見張りの方法がこれらの機器に依存する傾向があることが指摘されている。確かに，これらの機器によれば，見張り技能が不足している海技者においても，対象物の動静を数値化されたデータで把握できる利点はある。しかし，これら機器による見張りでは得られない情報があることを忘れてはならない。機器の特性により，検出できない対象物や，動静の変化を察知するのが遅れることなども指摘される。

一方，視界が極めて制約されている場合は，必然的に機器に依存することとなる。しかし，この場合も，上で指摘したとおり，取得される情報には制約があることをつねに念頭に置くべきである。さらに，研究結果によると，視界が制約されて RADAR/ARPA により見張りを行うときは，視界良好時に比較して見張り範囲が極めて近距離になる傾向があることが明らかにされている。見張りの重要な機能は，現状の状況を認知し，将来の状況を予測し，必要な行動を決定するための情報分析をすることである。**対象物を初めて発見してから，将来の状況を推定し，行動を決定するまでには一定の情報処理時間を必要とする。**この情報処理時間を確保するためには発見を早期に行う必要がある。しかし，見張りの範囲が近距離に限定されているときには，対象物の発見が遅れ，必要な将来予測ができないばかりか，避航行動の遅れによる異常接近や衝突事故の発生を導く危険な状態である。RADAR/ARPA による適切な見張りについては 2.7 節「機器取り扱い」において説明するので参照されたい。見張りの範囲はすでに述べた種々の外的な条件により変化する。そして，危険船の発見時期に直接的に関係してくる。

見張り範囲に影響を与える 1 つの要素として周囲の船舶の輻輳状態が挙げられる。本船の周囲に多くの航行船が存在するとき，海技者はそれらの動静をつねに把握する必要性がある。このために，見張りの範囲が周囲の船舶に集中し，広い範囲に対する見張りが行われないことが研究により明らかとなった。図 I-2-4 は本船の周囲に存在する他の船舶の数と危険船発見時期の関係を示したものである。ここで，**危険船発見時期**とは，**危険船と最接近に至るまでの時間**を使用している。最接近に至るまでの時間は通常 TCPA（Time to Closest Point of Approach）といわれる。図の横軸は周囲の船舶の数を示しているが，

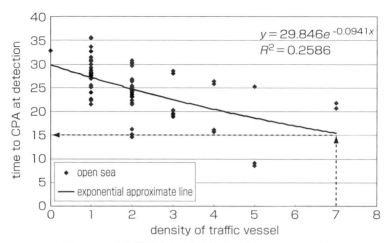

図I-2-4　周辺船舶密度と危険船発見時のTCPAの関係

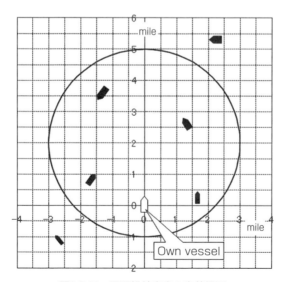

図I-2-5　周辺船舶密度の定義範囲

「周囲」として定義される領域は図 I-2-5 で示される。すなわち，本船より 2 マイル前方の地点を中心とする半径 3 マイルの円を本船近傍領域として定義している。円の中心を本船より 2 マイル前方としているのは，通常の海技者は進行方向に存在する他の船舶をより強い監視対象としていることによっている。図 I-2-5 の例では，4 隻の船舶が近傍に存在する状態を表している。図 I-2-4 より，周囲に船舶が存在しない場合（横軸が 0 の場合）には，約 30 分の TCPA で対象となる船舶を初認することがわかる。これは，衝突危険の 30 分前には危険船の存在に気付いていることを意味している。一方，図 I-2-5 で定義される本船近傍に 7 隻の船舶が存在するとき（横軸が 7 の場合）には，危険船の発見は最接近の 15 分前まで遅れることがわかる。最接近まで 30 分の時間的余裕があるときには，発見後に継続的に状況の変化を監視し，十分な考察に基づいて次項に示す将来状況の予測が行え，最適な避航行動の立案と実行ができることとなる。しかし，初認が TCPA 15 分の場合には，継続監視を実行できる時間的余裕が減少し，最適な避航行動の決定が困難となる。

図 I-2-6 は初認の時期と危険船に対する衝突回避操船の実行結果の関係を示している。横軸は相手船を初認した時点での TCPA を，縦軸は避航行動を実行

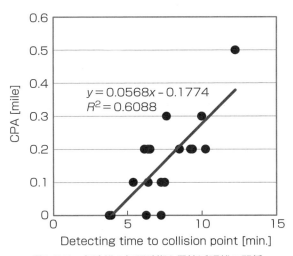

図I-2-6　危険船の初認時期と最接近距離の関係

した後の最接近距離を示している。図で示される計測結果では，TCPA 10 分での初認では 4 ケーブルまで接近してしまうこと，そして 5 分以下では衝突が発生することがわかる。この図からも理解されるとおり，初認時期は避航操船の成否を決定する要因となる。

　早期に他船を初認することの重要性とともに，早期の初認を阻害する要因があることも理解できた。ここに示した初認時期の傾向は，通常の海技者が通常とる行動の特性である。すなわち，通常の行動が危険を誘発する可能性を理解しておくことが重要である。ここでは，初認時期を遅らせる要因として視程と周囲船舶の影響を示した。この 2 例は通常起こりうる状況であるので，努めて初認時期の早期化に励む必要があることを指摘したい。

　通常の行動特性が見張り範囲の変化として現れてくることを認識し，意識的に初認の時期を早くする努力をする必要がある。たとえば RADAR のレンジを周期的に変更する習慣をつけることや，双眼鏡による遠方物標の観測などが必要となる。

(2) 将来状況の予測

　見張り技術の主たる目的は対象物との衝突回避に関する情報収集にあるといえる。適切な衝突回避行動をとるためには，必要な情報を取得する必要がある。AIS（Automatic Identification System）が開発され利用されているのは，航行船の動向が推定しやすい環境をつくり，将来予測を容易にすることを目的としているからである。しかし AIS 情報の更新忘れや，時々刻々の詳細な行動内容までは表示されないことから，依然として見張りによる将来予測は安全な航行のために必要な基本技術といえる。

　見張りにより得られる対象物の動静に関する情報には，現在位置と針路，速力がある。これらの情報をもとに，将来における自船への干渉状態を予測し，干渉を回避する必要があるときには，対処方法を決定する段階へと進むことになる。そのために，将来の干渉状況を予測する代表量として，最接近距離 CPA（Closest Point of Approach），最接近が発生するまでの時間 TCPA（Time to Closest Point of Approach），相手の船舶が本船の船首あるいは船尾を通過するときの離隔距離 BCR（Bow Crossing Range）などが挙げられる。CPA と

BCR は両船の接近時における離隔距離を示すものである。

操船上の計画を立てる上では BCR が重要である．図 I-2-7 に示すとおり，BCR がプラスのとき，相手との接近距離を広げるためには針路を相手船側に向ける．マイナスのときは，相手船が本船の船尾を航過することを意味するので，針路を相手船側に向けると，より接近する状況をもたらす．このように，BCR は本船の行動を直接示唆することとなるので重要である．

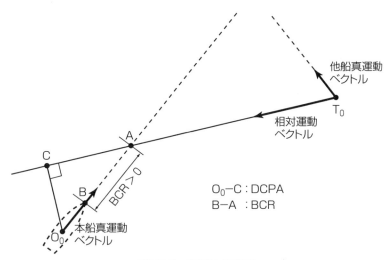

図 I-2-7　BCR と DCPA

経験の浅い海技者は他船との将来状況の把握を CPA のみによっている場合が多くみられる．しかし CPA は操船結果としては重要な評価項目となるが，操船計画を決めるには向いていないことを認識すべきである．船首あるいは船尾を航過するかの予測・判断は目視観測によっても可能であるから活用すべきである．

目視観測のできない狭視界状態においては，将来の干渉状況を数値として表示する RADAR/ARPA の情報提供の価値が大きいこととなる．海技者の行動を観察していると，重要な情報を提供する機器への依存度は自然に高くなる傾向がある．とくに経験の浅い海技者では，著しく依存度が高くなっている．し

かし，過信することの危険性を忘れてはならない。航海機器が提供する情報は若干の遅れを持って表示される。さらに，航海機器の示す将来予測は，この遅れて入手される情報に基づいて推定されたものである。したがって，現状に基づいて予測されているものではなく，時に誤っていることを認識して使用しなくてはならない。

　見張りの重要な要件として，いつ他船を発見し，どの時点までに危険を認識すべきかがある。すなわち，TCPAのどの段階までに発見し，危険を認識しなければ，安全な衝突回避操船が達成できないかという問題である。避航行動を開始する以前に行われるべき発見と危険認識の時期を問う問題である。この間の見張りに関する情報処理の段階を経過時間の推移の軸上で見てみよう。図I-2-8において，T_D（Time at Detection）は対象船を初認する時期のTCPAである。すなわち，衝突の何分前に初めて危険船の存在を認めたかを示す時点である。T_R（Time at Recognition）は対象船を避航すべき船として衝突危険を認識する時期のTCPAを，T_A（Time at Starting Action）は避航行動を開始するときのTCPAを示している。TCPAが0の点は，避航行動を行わない場合に衝突が発生する時点を示している。T_Aの時期は避航行動に要する時間に相当する。安全な離隔距離を確保するために必要な避航行動に要する時間は行き合い状態や本船の操縦性能により異なる。しかし，初認から避航行動開始までの時間，すなわちT_DからT_Aまでの時間は見張りによる情報の収集とその処理に必要な時間なので，基本的に行き合い状態や操縦性能には関係しないと考えられる。

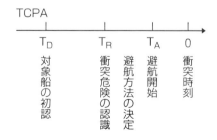

図I-2-8　衝突回避のための見張り行動の時間推移

2003年～2006年に行われたIMSF (International Marine Simulator Forum) の国際共同研究の結果によると，T_DからT_Aまでの時間は約15分と報告されている。したがって，避航行動に要する時間T_Aをこれに加えることにより初認時におけるTCPAが決定する。すなわち，危険船の初認は次の時点で実施すべきこととなる。

$$（初認時のTCPA）=（避航のための行動の必要時間）+15分$$

避航行動に要する時間T_Aは種々の条件により決定される。T_Aの平均的な値としては約10分を目安にすればよいであろう。したがって，他船を初認する時期は最接近時の25分前を目安とすることが必要となる。

重要事項：見張り技術により達成すべき機能

① 本船のおかれている現在の状況を，次の情報により理解する機能
- 他船を早期に発見する
- 遭遇した他船の種類
- 遭遇した他船の運動（位置，針路，速力）

② 本船が将来遭遇する状況を，次の情報により理解する機能
- 他船の将来の状況（将来の位置，針路，速力）
- 他船の本船への干渉状況（CPA，TCPA，BCR）

2.3 船位推定

目視あるいは航海機器を用いて現在の船位を推定する技術が該当する。将来の船位を推定するには，本船の運動に影響を与える要因として潮流や風を把握する必要があるので，これらも船位推定技術の対象となる。

定義

船位推定に関する技術とは，目視や航海機器により最適な目標物を選択して，本船の位置を推定する技術である。船位を推定する技術に加えて，本船の運動に影響する要因とその大きさを推定する技術も含まれる。

機能

(1) 船位推定のための情報収集の方法を選択する

情報収集の方法としては目視による方法や GPS, RADAR などの航海機器による方法などが挙げられる。最も信頼できる方法を選択する必要がある。さらに，できる限り複数の異なる方法により船位の推定を行うことが必要である。また，どの方法を選択する場合においても，計測対象物と計測内容の選択が必要である。航海機器の発達により，情報収集の方法は機器に集中する傾向が著しくなっている。とくに，GPS 信号の位置情報を利用する ECDIS による船位確認が中心となっている。このために，目視観測や RADAR 情報による船位推定技能が低下する傾向にある。2014 年にも，太陽の黒点の予期せぬ増加のために，電波障害が発生する警告が出された。GPS 信号が利用できずに ECDIS による船位の確認ができない状況は，いつ発生するか予想できない。狭水道を航行中に，このような事態が発生する可能性もある。船舶運航技術の基本である船位推定技術は，つねに高い水準を維持しておくことが肝要であろう。

(2) 船位を推定する

船位の推定は，航行海域や航行条件により，要求される精度や頻度が異なってくる。大洋中の航海に比べれば，狭水路や航路内を航行する場合は高精度で

かつ頻繁に船位の計測を実行する必要がある。とくに，風圧下や潮流が想定される海域においては頻繁に船位の確認が必要となる。

頻繁に計測を行う必要がある状況でも，実行できる頻度には限界があることも事実である。一度の計測にかける時間と手数を減少させることが必要である。このためには航海計画の作成段階で船首目標の設定や重要物標との位置関係を把握し，利用する方法を考えておく必要がある。パラレルインデックス（Parallel Index）による船位の継続的な把握は大切な技術である

(3) 本船の運動状態を推定する

船位推定の技術の目的の1つに真の本船運動の推定がある。経験の少ない海技者においてしばしば欠落するこの機能は，風圧下や潮流中での航行時においては大変重要な要件となる。外力の影響を把握し，その影響を考慮した針路の設定は，安全運航においてぜひ実行すべき機能である。

また，航路への入域時刻が決められているときや，パイロットステーションへ向かっているときなども到着予定時刻が決められている。到着予定時刻に目的地に到着するためには，正確な位置の推定と，それに基づく時々刻々の速力調整が必要である。この機能も船位推定技術のうちの運動推定機能として行われるべきものである。

船位推定の機能達成に影響を与える要因

船位推定の精度とそれを実行できる頻度は，次の条件により変化し，実行結果，すなわち船位推定機能の達成に影響を与えることとなる。

(1) 船位推定のために利用できる機器の種類

目視による船位推定に加えて，多くの船舶では電子海図情報表示装置 ECDIS（Electric Chart Display System）が搭載され，船位推定が容易な状況がつくられている。電子海図上に刻々の船位が表示されることから地形図との対応が容易になり，大変便利な機器である。測位は GPS 情報を基本としている。この他には，RADAR 映像による位置測定や，陸岸近くで水深の制約が大きい場合

には音響測深機による測深によって船位の推定を行う場合もある。そのときの状況により，最も適した方法を採用することを心がける必要がある。必要とする船位の推定精度，測定間隔に留意することが大切である。

(2) 航海環境の条件

　船位推定の方法は航海機器に依存する場合が多くなってきている。しかし，周囲の見張りを行いつつ，目視により船位を簡便に推定する技術は安全な運航上，大変重要である。この場合，目視により得られる固定物標，たとえば灯台，岬の地形，陸上構造物，そして島影などの利用できる条件がある。狭水道航行時においては，船首目標を設定することにより容易に計画経路からの横偏位を検知することも可能である。航海計画の作成時に船位推定を容易にする配慮も海技者として必要であろう。

(3) 視程

　目視により刻々の船位の状況を推定することは安全運航の基本である。しかし，その場合には，対象物が目視可能であることが条件となり，霧や降雨・降雪により視界が制限され，視程が縮小される制約もある。視程の条件に応じて，信頼度の高い船位計測方法の選択が必要である。

(4) 外乱要素

　潮流や風などの影響により，船体が意図せぬ運動をして目標とする航路から外れていくことには，つねに注意する必要がある。風による風圧力は船体に作用し船体運動を発生させるので，運動の発達まで少し時間がかかる。しかし潮流による船体移動は潮流を受けた時点から始まるので，つねに注意する必要がある。航路内を航行しているときには，航路幅の余裕と潮流の大きさにより，船位推定の必要間隔が決まる。この点に留意して船位推定をすると共に，潮流の大きさを推定して針路を修正することが必要である。

> **重要事項:船位推定の技術により達成すべき機能**
> ① 船位推定のための情報収集方法を選択する機能
> ② 収集した情報により船位を推定する機能
> ③ 本船の運動状態を評価し,外乱影響を推定し,航海計画実現に必要な情報を推定する機能

2.4 操縦

安全な航海を実現するために，海技者が計画した本船の運動を実現する技術である．本船の操縦特性を理解することが基本である．さらに，船体運動に影響を与える水深，風圧，潮流に関する知識を基にして，主機，舵，サイドスラスタ，タグボートを操作する技術が対象となる．

定義

操縦に関する技術とは，舵の操作や主機などの制御により，本船の針路，速力，位置を制御する技術である．

機能

次の機能達成が操縦技術に含まれる．

(1) 運動を計測する

船体を計画どおりに制御するためには，まず船体の運動状態を把握する必要がある．計測対象となる運動の内容は目的とする運動によって決まる．目的とする運動とこれを実現するために必要な計測対象の運動項目を以下に示す．

- 針路制御：船首方位，回頭角速度
- 船位制御：船首方位，回頭角速度，船位（緯度，経度），船体移動速度

制御の基本は PID 制御であるといわれている．PID 制御とは，制御量を決定する要素として，以下で説明する 3 要素を使用する制御方式である．

まず P は比例制御といわれる要素であり，目標とする運動状態と現在の運動状態との差を制御量決定の一要素とする．たとえば，針路を一定に保つための操舵角量を決定するために，つねに目標とする針路と現在の針路との差が制御量を決めることになる．式で表すと，次のような計算をつねに行い操舵角量を決めて，操舵することに該当する．

$$操舵角 = 比例乗数 \times (目標針路 - 現在針路)$$

たとえば目標針路を030度とした場合，1度針路がずれると反対舷に1度の舵角をとる規則で制御することである。この場合，目標針路は030度，現在針路が031度で，比例乗数を1.0として計算され，舵角は−1.0度が操作される。
　比例制御では目標と現在の状態に差がある場合，差が0.0になるまで差を打ち消す制御量を与え続けることになる。差が0.0になって制御量を0.0にしても，回頭が同時に止まることはない。回頭は弱まりつつも目的値を通り過ぎることとなる。通り過ぎて針路の差が反対舷に出ると，次は反対舷の舵角がとられ，行き過ぎる針路を減少させることとなる。行き過ぎた針路を修正するための舵角は，偏差が0.0になるまでとり続けられる。このために，針路は目標値付近を持続的に振れ続けることとなる。比例乗数が大きい場合は，目標値までの所要時間が短くなる代わりに，振動の範囲が大きくなる。振動を小さくするためには比例乗数を小さくすればよいが，目標値に静定するまでの所要時間が極めて長くなる。
　このように，比例制御のみでは目標値に対して行き過ぎの運動が発生したり，目標値に至るまでに多くの時間を要する緩慢な運動になる。そこで，現在の運動から目標となる運動へ移行する速度の変化を，操舵量を決定する一要素とする方法がとられる。変化のスピードが残差に対して大きすぎる場合は操作量を減少し，目標値を超えない範囲内の制御量に減少させることになる。これが微分制御（D制御）と定義される制御方法である。状態の変化速度を制御量に反映するD制御を可能にするためには，時々刻々の運動速度を計測し，制御量である舵角に反映することになる。したがって，回頭角の変化速度に該当する回頭角速度が計測対象の運動量となる。
　ここまでの運動はすべて，自らが行った操作により運動が発生することを前提に操作量を決定している。しかし，現実の環境では，風や潮流の影響による運動が同時に発生する。外部からの影響で運動が目標値から偏位していく場合，比例と微分の制御では偏差の修正がつねに遅れることとなり，むだな運動が発生する。このような場合は，外力による運動の発生をあらかじめ補正する制御，すなわち積分制御（I制御）が有効となる。
　現実の船舶操縦においては，船首方位はCompass示度を読むことにより容易に計測できる。では，回頭角速度の計測はどうであろうか。VLCCのような

巨大船では，回頭運動の発達・減衰は極めて緩慢である。このため，Compass示度の変化を観察するだけでは操作量の変化を正確なタイミングで行えず，正しい微分制御が行えない。そこで，人間による運動計測を補うために，巨大船では回頭角速度計を搭載することが必要になる。

(2) 操作機器を選択・決定する

　針路制御や純粋な速力調整の場合には，舵や主機をそれぞれ単独に操作することになり，大きな困難はないであろう。ただし，前述のように制御対象である本船が巨大になると，運動計測が困難となり，操縦は困難となる。

　船舶の操縦においては，舵や主機のほか，本船搭載のサイドスラスタ，操船支援の曳船，錨による係留力の利用，係留索の調整など，さまざまな手段により運動状態を制御することとなる。

　ここでは，いくつかの操船局面を想定して話を進めることとする。はじめに，曳船を用いる着桟操船の場合について考えてみる。この場合は本船の舵と主機のほか，複数の曳船を操作する必要がある。京葉シーバースに VLCC を着桟させるときは 5 隻の曳船を使用することがある。1 隻の曳船毎に発揮する力と方向そして本船の舷側での位置を指示することにより，本船の運動を制御することとなる。つまり，5 隻の曳船を制御するためには各曳船の位置，発生力量，力の方向の 3 要素の決定が必要である。5 隻の曳船を制御するためには合計 15 の要素の情報をつねに把握しなければならない。これに加えて，当然，本船の望ましい運動状態に対する現状の船首方位，縦・横の位置，回頭角速度，縦方向速度，横方向速度の計 6 種類の運動状態を把握する必要がある。曳船の情報 15 種類と合わせて全部で 21 種類の情報を把握し，時々刻々制御量を決定しなければならないこととなる。

　人間の記憶と情報処理の量には限界があるので，現実には処理可能な範囲内に収まるように制御の方法を調整することとなる。有効なタグボートの使用方法，安全な着桟操船方法は人間の制御特性と密接に関係する。この点については別の機会に述べることとする。本書においては，次の指摘をしておこう。曳船を用いて着桟操船を実施する状況に遭遇した場合は，すべての操作を同時に行うことは困難であると理解しておくことが大切である。すべての曳船を効率

的に使用することよりも，確実に制御できる方法を実行することが，まずは重要である。

　船舶の操縦の内容は局面により変化する。制御すべき運動状態が単一で制御入力も単一な場合（たとえば，針路のみを一定に保つ場合は，操作入力も舵角のみのである）ばかりではない。次に，到着予定時刻（Estimated Time to Arrival：ETA）を調整しながらパイロットステーションに向かう場合について考えることとする。このとき，パイロットステーションに向かうための制御にかかわる操作入力は舵角であり，制御すべき運動は針路と船位となる。さらにETAを調整するためには速力調整のための主機操作が加わる。この場合、操縦の複雑さの1つに主機操作と舵操作が互いに独立ではない点が挙げられる。主機の操作状況によって，操舵の効果が変化することとなる。通常，このような2系統のシステム（この場合は針路制御のための舵操作と，速力制御のための主機操作）を同時に操作する状況では，お互いの操作による運動が干渉しあうこととなり，操縦は複雑化し，困難性が増加することはよく知られている。船舶の操縦においては，このような状況が頻繁に発生しており，時に操縦者に多大な負担を強いることとなる。とくに，風や波浪，潮流の影響も加わることにより操縦の難しさはさらに増加する。適切な操縦をするためには時々刻々，選択すべき操作機器を決定し，適切に操作することが必要となる。この複雑な操作が安全な運航の基礎となるところに，操縦という技術の重要性と難しさがある。

(3) 操作量を決定する

　前述したとおり，最も単純な操縦状況である針路制御の場面においても，巨大船では運動の発達・減衰が極めてゆっくりとしたものになる。ゆっくりとした運動のなかで，ある瞬間に操作量を決定しないと，目標の針路を行き過ぎたり，目標針路に達せず，再度操舵を繰り返すこととなる。運動の発達は対象となる船舶の大きさと操作量によって決定する。舵を操作して得られる制御力には限界があるため，VLCCなどの巨大船では必然的に緩慢な動きしか実現できないこととなる。

　一方，制御対象の質量が小さく，かつ制御力が大きい場合は，別の問題が発

生する。この場合には，わずかな操作で大きな舵力が船体に加わり，急激に運動が発達する。この運動を静止させるために力を加えると，直ちに運動は停止するが，目標を行き過ぎる運動が発生することになる。一般に，このような制御力が大きすぎるシステムは，前述の巨大船のようなシステムより制御が難しく，不安定なシステムと呼ばれている。

　1入力1出力の代表例として針路制御について述べたが，このような単純な例においても船舶の操縦は単純ではないことが理解できる。前述したとおり，船舶の操縦は局面によって操作入力の数や制御対象の運動量が変化する。操作機器の選択と操作量の決定は重要な技術項目となる。

操縦の機能達成に影響を与える要因

(1) 操縦目的
　船舶の操縦局面は，純粋な針路制御から，風潮流下における複数の曳船支援による着桟操船など，操縦の内容は多岐にわたっている。その局面ごとに操縦の困難度は変化し，目的とする操縦の達成度は変化する。

(2) 利用可能な制御手段
　1入力1出力の制御システムは簡単で良好な制御が可能である。しかし船舶の制御においては港内での操縦が主要であり，この場合システムは多入力多出力の系となり，複雑で難しい操縦状態となる。利用可能な制御手段が多いほど操縦が容易になるわけではなく，人間が状況を把握しやすいシステム構成を実現することが望まれる。すなわち，制御対象の運動は同じであっても，これを実現するための操作が単純であり，操作量の決定を容易にするシステム設計が望まれるところである。

(3) 外力
　他の交通システムに比較して，船舶の運航は環境からの影響を直接受ける状況になっている。とりわけ，操縦の技術に対してはその影響が顕著である。操縦とは，海技者が計画した船舶の運動状態を，操縦機器を用いて実現すること

を目的としている。操縦機器は船体に力を加えて目的の運動状態をつくり出すが，外力は制御できない成分として船体運動に影響を与える。時にはこの力を利用することもあるが，問題となるのは望ましい運動状態の実現と反対の影響を与える状況である。外力により必要な運動状態をつくり出すことができない場合もある。たとえば強風下で，風圧により発生する回頭モーメントが最大舵角により発生できる回頭モーメントを超える場合は，最大舵角を使用しても目的とする針路を維持することができない。

この他，風圧や潮流による船体移動は，港内操船や狭水道航行，さらには着桟操船の局面において，船体の運動制御に対する重大な検討要因となり，操縦の機能に大きな影響を及ぼす要素である。

重要事項：操縦の技術により達成すべき機能

① 本船の現在の運動状態を計測し把握する機能
② 計画する本船の運動を発生させるために，操作する機器を選択する機能
③ 計画する運動を実現するために，操作する機器の操作量を決定する機能

2.5 航行規則などの法規遵守

　1972年の海上における衝突の予防のための国際規則（以下，国際海上衝突予防法と呼ぶ），海上交通安全法，港則法などの航行に関係する交通法規の知識を持ち，これを実際の航海に適用できる技術を示している。また，航行対象となる各地のローカルルールについても知識とその活用が必要となるので，これらすべてを含む航行に関する規則を対象としている。

定義

　法規遵守に関する技術とは，国際海上衝突予防法，海上交通安全法，港則法などの規則に基づき航行する技術である。

機能

(1) 法規・規則を理解する

　海上を航行するにあたって定められた各種の航行規則については多くの解説書があるので，詳細な内容説明は本書では控えることとする。しかし，**各法規の適用条件**については，該当する法規の適用と実行において注意を要するので，十分な理解が必要であろう。

(2) 法規・規則を現実の航海に反映し，実践する

　関係法規を理解し記憶していても，現実の航海局面で該当する法規を適正に適用できるとは限らない。知識を実践に結びつけることは，すべての技術において重要な要件である。

　海技者の初心者に対する操船研修においてしばしば観察される行動がある。一般外航商船は大型船が多く，避航行動は相手船との距離が5マイル以上ある地点から開始されることも通常である。これは，至近まで接近してからよりも余裕のある状況で行動をとるといった安全上の理由による。このような距離で行動を開始するとき，国際海上衝突予防法は必ずしも適用すべき状況ではない。しかし，初心者は同法に準拠することにこだわり，より安全で妥当な選択

肢を選ぼうとしない傾向にある。一方では，同法を知識としては理解していながら，3マイル以内の距離において，法規に反する行動により危険な衝突回避操船をする場合や，他船を追い越した後，他船前方の至近距離に割り込むケースもよく見受けられる。

　また，経験の豊かな海技者においても，航行経験の少ない海域についての知識が乏しいことがある。とくに，乗船年数が少なくなるとともに，特定の船種や航路における航海の頻度が高くなると，特定の海域以外の海域における交通規則に対して十分な知識を欠いているケースがよく見られる。

法規遵守の機能達成に影響を与える要因

(1) 法規・規則の種類
　航行する海域に適用される法規・規則を十分に認識する必要がある。法規・規則の適用には優先順位があり，相反するルールがある場合はとくに注意が必要である。

(2) 他の航行船の状態
　交通規則は航行船同士の安全を確保することを目的としている。つねに他船の行動と関連して本船の行動を決定することになる。他の航行船の状況を十分に監視するとともに，関係法規の適用をつねに考える必要がある。規則に従わない船舶も存在するので，警告（疑問）信号や注意喚起信号を有効に活用することにつねに留意する必要がある。また，船舶交通の輻輳する海域や漁船が多く操業する海域では，法規に基づく航行が困難な場合や，本船の操縦性能や喫水による制限などから，他の航行船に協力を求めて航行を行う必要が生じる。このような場合は，時間的な余裕のある時点で，VHF無線電話などで協力を要請することや，注意喚起信号を行うことも必要となる。

(3) 法規・規則が適用される条件
　法規や規則は航行海域，気象・海象条件により適用される条項が異なることがある。これらの条件を含めて理解し，これに従い航行する必要がある。

〔第Ⅰ部〕船舶運航技術の解説

> **重要事項：法規遵守の技術により達成すべき機能**
> ① 関係する法規・規則を理解する機能
> ② 法規・規則を現実の航海に反映し，実践する機能

2.6 情報交換

VHF 無線電話，船内電話などの通信手段を用いて船内外と相互に意思を伝達する技術が該当する。汽笛や発光信号，照明灯などの活用も広い範囲として含まれている。

定義

情報交換に関する技術とは，VHF 無線電話，船内電話などの通信手段を用いて船内，船外と情報交換をする技術である。

機能

(1) 情報交換の方法を選択する

船橋内のメンバーとの情報交換は，船舶運航という共通の目的のために共同して必要業務を実行する過程において必要となる。この点については Bridge Team Management の範疇に入る部分も多くあるので，詳細は第 II 部を参照してもらうこととして，ここでは口頭による情報交換が中心であることのみを指摘しておく。

船外との情報交換の中心は VHF 無線電話であるが，汽笛や発光信号なども有効に活用することの重要性を理解する必要がある。とくに，本船の意思を伝える相手が漁船や小型船舶などの場合には，VHF 無線電話を装備していない場合や，装備していても聴取していない場合もしばしば発生する。注意喚起や他船の行動に疑問を感じるときは，汽笛などを有効に使用することが必要である。

船外との情報交換において，VHF 無線電話を用いる場合，正確な通信相手の呼び出しが必要となる。通信相手が船舶である場合はとくに重要である。AIS（Automatic Identification System）の利用により通信相手の識別は大変容易になっている。AIS による相手船の識別が困難な場合には，正確に識別が実行できる呼び出し方法をとらなければならない。たとえば，相手船の位置や針路，速力のみでなく，船種，船体色，その他特徴ある構造物などを呼び出しの要素

として取り入れることも有効であろう。また，通信の内容が互いの行動を確認することを目的とする場合は，通信後の他船の行動を注視し，確認事項と一致しているか検証することを忘れてはならない。通信相手が目的とする船舶と異なる第三船である場合や，通信内容が正しく理解されていない場合も発生しうるためである。

(2) 情報交換の内容

　情報交換の目的は，互いの意思の伝達にある。この点から，通信の相手に発信者の意思を正確に伝えることが必要である。これにより，通信相手は，発信者の意思を正確に理解し，適切な内容の返信を返すこととなる。このためには，まず，通信の目的を明確にし，簡潔かつ十分な内容となる文章を作成しておくことが必要となる。さらに，通信を実施する根拠を伝えることも，通信目的を正しく相手に伝えるうえで必要である。たとえば，他船の行動を確認するときには，初めに「他船が本船を確定できる情報を伝える」。続いて，「本船の行動の計画を伝える」。次に，通信の目的である「相手船の行動計画を尋ねる」。ここまでの情報交換で両船の間に干渉関係が発生することが表面化するときには，次の情報交換に入ることになる。たとえば，「本船は干渉を解消する水域に制約があるので，干渉を回避する行動を他船に依頼する」こととなるか，「両船で共に，干渉を解消する行動を実行することを確認する」など情報交換をすることとなる。

　情報交換は両者の意思の疎通のために行うものであるから，正確な意思の伝達が必要である。その前提として，情報を受け取る側の立場で，理解しやすい情報の交換が必要である。そのために，情報交換の背景と目的を簡潔に伝える内容を事前に整理しておくことが有効である。

(3) 情報交換の時期を選択する

　VHF 無線電話による船外との情報交換，とくに衝突回避のための他船との情報交換は，実施の時期が重要である。このような情報交換の目的は，多くの場合，避航行動を決定するための相互意思の確認が中心である。有効な避航行動を達成するためには，相互意思の確認が終了した後，効果的な**避航行動が**と

れる時間の余裕を残さなければならない。さらに，交信が不成功に終わる場合や，本船の行動のみにより衝突回避を行わなければならない場合が生じることも前提にしなければならない。この点を考慮すると，情報交換の**時期**は**衝突危険が認識されたとき**が，1つの選択すべき時点といえるであろう。

(4) 情報交換のための言語を活用する

国際航海をする船舶においては，英語による情報交換が基本となる。IMOから標準海事通信用語集が出されているので参考になるであろう。

海技士志望の学生や現役の海技士を教育・訓練した経験によれば，英語が堪能な人が必ずしも効果的な情報交換ができるわけではないことを指摘しておきたい。**情報交換の目的を効果的に達成すること**が重要である。そのためには状況に応じた効果的な会話をすることが必要である。すなわち海技者として，そのときの**状況**を適切に判断し，**明確**にかつ**端的**な**情報交換**をする必要がある。標準的な交信方法に基づいて情報交換ができる場合と緊急を要する場合では，当然，交信内容も異なってくる。経験が少なく，十分な英語会話の能力のない海技者でも，状況判断ができるならば，基本的な交信方法をまず熟知していればよいと思われる。

情報交換技術の達成に影響を与える要因

(1) 情報交換の相手

情報交換を行う対象としては，船橋内に配置されたメンバー，船内にいる乗組員，他の船舶，海上交通センターなどがある。**船橋内に配置された他の乗組員との情報交換**は Bridge Team Management において重要な機能として取り扱われる部分である。情報交換の方法や内容，そして時期についても議論されているところである。この点に関しては，第II部「ブリッジチームマネジメント」を参照してほしい。

船内各所との情報交換は機関室をはじめ船首，船尾の部署配置の乗組員と行う場合があるが，ここでは詳細は省略する。Ship Team Management の観点からの有効な情報交換が必要である点を指摘しておくこととする。

船外との**情報交換**の代表的なものとして，決められた位置の通過報告や航路などへの入域予定時刻などの海上交通センターとの交信がある。交信の要点はセンターの規定により決まっている。本船側としてはセンターが有している情報のなかで本船の航行に有効な情報を，積極的に入手することが有益である。センターを，情報を入手できる情報源として活用すべきである。

(2) 情報交換を行う状況

　情報交換を行う状況としては，緊急事態発生時の情報交換と，通常連絡時点における情報交換がある。**緊急時**における情報交換の内容や相手は事前に想定し，予習しておくことが重要である。緊急時は一刻を争う状況であり，誤りのない効率的な情報交換の方法は，平常時に冷静な状態で準備することが必要である。**通常連絡**の内容や方法についても，経験の少ない海技者は状況を想定してあらかじめ整理しておくことが必要である。

(3) 情報交換の手段

　本船から他の航行船などへ本船の意向を伝えるにはいくつかの手段がある。代表的な情報交換の手段である VHF 無線電話を用いる場合は，通信相手を特定した上で，詳細な情報交換が可能となる。しかし，かかる時間と労力が問題となる場合があるので，情報交換の技能を育成しておくことが必要である。旗りゅう信号は簡明な意思の表示手段として用いるのに適している。この他，投光器や汽笛による意思の表示や注意喚起の方法がある。本船周囲の状況，船橋内の配員の状況，情報交換の内容・時期に応じて，適した方法を選択する必要がある。あらかじめ，状況に応じて選択すべき手段を検討しておくことが必要であろう。

〔第 2 章〕船舶運航技術の分析　　87

重要事項：情報交換の技術により達成すべき機能
① 情報交換の方法を選択する機能
② 情報交換の実行の仕方を理解する機能
③ 情報交換を実行する時期を選択する機能
④ 情報交換に必要な言語を活用する機能

2.7 機器取り扱い

　船内，とくに船橋内に設置された航海機器を有効に選択・利用し，安全な航行のために必要な情報を取得することを目的とする。このための機器を利用する技術と，得られた情報を活用する技術である。

定義

　機器取り扱いに関する技術とは，見張り，船位推定，操縦などの技術を達成するために機器を有効に活用する技術である。

機能

(1) 利用できる機器を認識する

　船橋には多くの操縦機器と，航海に有益な情報を提供する機器が配備されている。操舵装置，主機制御装置，サイドスラスタ制御装置は本船の運動を制御するための機器である。これらの機器の他は，基本的に情報を提供する機器といえる。船舶は長い歴史を通して，その時々の利用できる技術を使って各種の機器を開発し，利用してきた。時代の変遷とともに，機器により得られる情報の質や量は向上している。新しく開発された機器はそのつど船舶に搭載されるが，同時に従来の機器も搭載されているので，同種の情報が複数の機器から提供される状況となっている。また，磁気コンパスとジャイロコンパスのように，異なる計測方法により同一の情報を提供する形態もある。海技者は必要とする情報を得るために，最も適した機器を利用することが必要である。また，適した機器が異常を示したときには，次に信頼できる機器の選択も必要である。このように海技者はつねにどの情報が，どの機器により提供されているのかを認識していることが必要である。また提供される情報は機器の特性により，同一の精度や信頼度があるわけではないので，機器ごとの情報の特性を理解していることが必要である。

(2) 必要な情報を得るための機器の利用方法を理解する

　機器を用いて情報を入手するときは，機器それぞれに情報の提供方法が異なり，利用上の操作が必要である。各機器の機能を理解するとともに，各機能を利用する方法を習得する必要がある。すなわち，機器が有する各種の情報を引き出す方法を知らなければならない。また，機器が提供する情報が意味する内容を理解することが必要である。機器を用いて情報を入手することは，安全運航の達成に必要な機能の実行と結びついている。ここでは，入手する情報の内容により分類して，機器の活用方法を述べることとする。

① 航行船の情報を取得する

　　機器を用いて，付近を航行する船舶に関する情報を入手する方法としては，RADAR／ARPA 装置，AIS，あるいは交信による方法がある。交信による方法は③で説明するので，ここでは，他の機器による方法を対象に考える。

　　たとえば，RADAR／ARPA 装置を用いて他の航行船の情報を入手する場合，**最適な計測レンジの選択**や**運動ベクトルの長さ**，**真運動表示か相対運動表示**など，機能を活用するための機能選択の自由度がある。計測レンジは見張り範囲に該当することを念頭に置く必要がある。近接する他船の状況を観測するときは短距離のレンジを用いるが，周期的に遠距離レンジにより遠方物標を監視することが必要である。他船の発見が遅れることは避航動作の遅れになり，接近した危険な状況を発生させることとなる。2.2 節（見張りの実行）で述べたように，船舶が集中していない状況では，初認は衝突発生の 20 分以前に行われる必要がある。初認後，継続監視により接近の状況や衝突回避の方法を決定し，10 分以前には行動を開始することが，安全運航の基本といえる。

　　船舶が集中している状況でも，10 分以前には避航行動をとれるように，早期の初認に努めることが必要である。このためには，航行船の状況を提供する RADAR／ARPA の使用レンジは頻繁に切り替え，遠方物標を早期に発見する必要がある。

　　RADAR／ARPA の使用では，各種の機能の活用が重要である。たと

えば，移動物標の速度と針路方向を示す運動ベクトルの活用がある。運動ベクトルの長さが短いと，将来予想が難しいばかりでなく，運動の変化を検出することが困難となる。大体の目安としては，使用レンジと同じ値にすることを薦める。たとえば，6マイルレンジ使用のときは運動ベクトル長さ6分という具合である。レンジに対して長すぎるベクトル長さの使用はあまり見受けられないが，広い測定レンジにかかわらず短時間の運動ベクトル長さを使用している状況はよく見受けられる。長過ぎるベクトル長さの弊害に比べて，短すぎるベクトル長さの害はきわめて大きく，監視機能を損なうこととなる。

　航行船との衝突に関する危険度の目安として最接近距離（Closest Point of Approach : CPA あるいは Distance at Closest Point of approach : DCPA）を代表量として用いることが多い。しかし CPA, DCPA のみによる判断では不十分である。なぜならば，最接近の状態が発生したときの両船の位置関係に関する要素が含まれていないためである。確かに最接近距離は遭遇状態あるいは避航動作の効果の判別には有効な値であるが，操船の場においては両船が航過する姿勢が重要な要素となるので，CPA のみでは不十分である。これに対して，RADAR/ARPA では，対象船が船首あるいは船尾を航過するときの離隔距離を Bow Crossing Range（BCR）として表示している。BCR がプラスのときは他船が本船の船首を，マイナスのときは船尾を航過するときの航過距離を示している。他船が船首を航過するか船尾を航過するかの違いは避航行動の判断材料となる。BCR は行動決定に大きな影響を持つので重要な要素となる。しかし，BCR の表示は RADAR/ARPA 上のすべての船舶に表示されるわけではないので，別の方法で確認する必要がある。その1つの方法はベクトル表示を相対運動表示モードとし，表示ベクトル長さを延長し，ベクトルが本船の前を通るか後ろを通るか確認することである。相対運動ベクトル表示にせず，真運動ベクトル表示の状態でも，他船ベクトルが本船ベクトルの先端のどこを通過するかによって判断できる。

　RADAR/ARPA は他にも多くの機能を有している。固定距離環の表示，Offset Center による表示，避航行動の試行機能などがあるので，機

能をよく理解し，安全運航のために活用する必要がある。

　以上述べたことは，見張り機能と密接な関係があることが理解されるであろう。すなわち，機器の有効な利用は見張り機能を向上させることとなる。機器の開発・発展が航海の基本となる海技者の行う機能の向上を目的として実現されてきた故である。

② 安全運航のための船位確認

　安全運航を実現するためには，他船との衝突事故を回避することの他に，座礁事故の回避が必要である。座礁事故を回避するには，地形と本船との相対位置の監視が重要である。GPS の活用により，ECDIS（Electric Chart Display System）が利用されるようになり，この種の監視機能が簡便に行えるようになった。従来は紙海図を用いて行ってきた船位確認機能が大幅に変化してきている。簡便に継続して船位を確認できることが安全運航に大きく貢献していることは事実である。しかし，紙海図上で行ってきたことすべてが行える状況にないことを理解しておくことは大変重要である。海図上では，精密な No Go Area の設定が，安全運航を実現するために必要な航海計画の作業と考えられている。本書において，船舶運航技術の筆頭に挙げた「航海計画の立案に関する技術」（2.1 節）において示したとおり，紙海図では航海の進展に伴い必要となる情報を海図上に示してきた。しかし，ECDIS において，従来重要とされてきた事項が容易に記載できるわけではない。ECDIS の活用，利点を否定するものではないが，長い時間をかけて育てられた海技の一部が，新しい機器の開発により重要視されなくなることは問題であろう。

　次に RADAR/ARPA 装置を用いて船位を推定する場合について考察する。この場合，目標物の距離・方位の測定による方法のほか，パラレルインデックスにより継続的に目標物との位置関係を把握する方法もある。簡便な方法で船位を計測できる機器の装備によって，従来は船位推定に関する基本技術として習得されてきた技術が，軽視あるいは忘れ去られているのをしばしば目にする。たとえば，海潮流や風圧流の推定などは，船位推定に伴い実行された技術であった。しかし，ECDIS によ

り船位推定はするが，海潮流や風圧流の推定などは検討の対象として想起されないこともある。必要な海技の伝承に注意する必要がある。

③ 外部との情報交換

　安全な船舶の運航のためには，航行船との衝突事故の回避は重要な課題である。航行船との干渉状況の将来予測は，次の状況では簡単なものではない。

- 船舶が輻輳し，干渉する船舶が多数存在する場合
- 海域の特性として航行ルートが多数ある場合
- 視界が制限されているために他船が目視できない場合

　ここで指摘した3種の状況に共通することは，他船の将来の航行状況が予測できない点である。1隻の航行船で，海域の主な航行ルートが限定されているときは，何分後にどの地点で最接近するかの予測は簡単である。将来状況が正しく推定できれば，避航行動の基本に則って行動すればよいことになる。しかし，現実の海域では，ここに指摘したような状況は頻繁に起こるので，注意深い行動監視が必要となる。しかし，入手できる情報には限界があり，これにより将来の状況予測の精度にも限界がある。

　将来状況が正確に予測できない場合には，VHF無線電話による情報交換が有効であり，実行すべき機能である。その場合は，**次のことに留意する必要がある。**

- 情報交換を実行するタイミング
- 情報交換の目的
- 正しい意思の確認

　情報交換の時期について考えてみる。情報交換により他船の行動の意向が明確になったあと，本船が避航行動をとる必要が生じた場合は，避航行動を達成できる時間が確保されている必要がある。状況を早期に把握し，早めに情報交換を開始する必要がある。

　情報交換の目的は，相手の意向を知り，自分の意向を伝え，結論として安全な航海を実現する方法を確定することにある。単に相手船の目的地を確認することや，本船の意向を伝えるのみでは，相互理解に基づく

〔第2章〕船舶運航技術の分析　93

安全運航の条件が整わない。

通信の終了後は，通信内容に基づいて行動を開始することとなるので，**相互の意思を正しく理解**しておく必要がある。自分にとって有利な解釈を推定で行ってはならない。また，通信終了後は，相手が交信内容に沿った行動をしているかを，目視やRADARにより確認することも必要である。相手が正しく交信内容を理解しているかは不明であることを忘れてはならない。

(3) 機器の提供する情報の特質を理解する

使用する機器は，情報の検出や処理の方法に特定の性質がある。取得する情報の利用目的に応じた機器の選択，その機器が提供する情報の特性を，十分に理解しておくことが必要である。情報提供の時間遅れ，情報の精度，信頼度などにつねに留意することが必要である。

(4) 提供される情報の活用方法を理解する

経験の浅い海技者の行動特性を観察すると，必要以上の情報を収集する反面，得られた情報を有効に活用できていない場合が多い。たとえば，RADAR画面上に周囲の船舶をすべてプロットし，ARPA情報を順次見てはいるが，最も重視すべき船舶の情報を識別できていないこともある。また，測位により船位を推定するとき，計画経路からの偏位量を把握しても，風圧によるものか潮流によるものかの推定まではできていない場合がある。

船橋に設置されている機器は各種の情報を提供している。情報はつねに提供されているとしても，すべてが必要な情報とは限らない。航海のなかで遭遇する局面ごとに，対応すべき仕事，行うべき機能が決まる。そして，必要な機能達成のために，提供される情報を選択し，活用する必要がある。

提供される情報は限定されているので，情報を直接利用するだけでなく，さらにその情報を分析することにより機能達成に有効な情報となることも多い。求める情報，すなわち判断行動に役立つ情報を得ることが重要である。そのためには，**達成すべき機能を把握していることが前提**となる。先に述べた，衝突回避操船において，**CPA**よりも，船首あるいは船尾を航過するときの本船

からの距離（BCR）が，行動決定の判断基準となることも一例である。また，TCPAは単に衝突までの時間を示している，と判断することは一面的である。回避行動の成否は両船の速度や針路交差角度によって決定するものである。本船と相手船の針路，速力，出会いのアスペクトに応じて衝突回避行動に要する時間は異なってくる。TCPAが一定の時間，たとえば10分になるまでに行動を開始すればよいと考えるのは誤りである。TCPAは避航行動のために利用できる時間と考えるべきである。避航のために必要な時間は両船の出会い状況により決定する。出会い状況に応じて，避行行動を開始するTCPAは異なってくる。回避行動が有効になるために必要な情報を収集し，統合・加工して利用する必要がある。

機器取り扱いの技術達成に影響を与える要因

(1) 利用可能な機器の種類

船橋に設置されている機器は船舶によって異なると考える必要がある。また。陸上から得られる情報も海域により異なる。海技者は情報を最大限利用して航海に役立てることが必要である。しかし，利用可能な情報は変化するものであるから，利用できる情報をつねに認識していることが必要である。

(2) 機器より得られる情報の利用目的

提供される情報は，そのままの形で直接役立つものではない。利用目的に応じて情報を収集・加工するとともに，時には不足する情報について推定する必要が生ずる。正しい推定を行うためには，得られる情報の特質を理解するとともに，達成すべき機能にどのように利用できるかを正しく理解しておく必要がある。海技者としての技能が問われる場面といえる。

※特記事項

多くの海技技術の養成訓練を通して，強く印象付けられることがある。RADAR/ARPAに始まり，ECDIS，AISと情報を提供する機器が発達・改善

され，多くの情報が短時間で更新され提供される状況となってきている。これに伴い，海技者は刻々更新される情報，関連する多くの情報を入手することとなる。人間の情報処理能力では，情報の入手とその解析，解析結果の活用のために，一定の時間が必要である。多くの情報が刻々更新され，新しい情報が提供されるとき，人間は入手情報の更新に忙殺され，情報を真に有効活用する時間的余裕を失ってしまう。情報が多くなると思考力が低下する状況が発生する。この状況は技能の未熟な海技者の多くに見られる。熟練した海技者は入手する多数の情報に追われることなく，必要情報のみを選択し，思考することができる。未熟な海技者の技能発達を現代の航海機器が阻害していると強く感じている。

重要事項：機器取り扱いの技術により達成すべき機能

① 利用できる機器を認識する機能
② 必要な情報を得るための機器の使用方法を理解する機能
　必要な主たる情報としては，次の情報があげられる。
　　• 航行船の情報
　　• 安全運航のための船位情報
③ 機器の提供する情報の特質を理解する機能
④ 提供される情報の活用方法を理解する機能

2.8 異常事態

主機,操舵機などの船内機器の故障や船外の異常事態に対し,その状況を認知し,これに適切に対処して,安全な運航を実現する技術である。

定義

異常事態対応に関する技術とは,主機,操舵装置などの船内機器の異常事態や,本船を取り巻く環境状況の異常事態の発生を認識し,故障への対処や異常事態に対応する各種の必要行動をとる技術である。

機能

通常の航行時においてもつねに,いつ発生するか不明な異常事態に対して適切な行動をとる必要がある。そのためには事前に十分な知識の習得と訓練が必要である。どのような異常事態を想定するか,その場合に必要な対応は何か,これらを日頃からつねに考えている必要がある。

(1) 異常発生箇所を認識する

はじめに,本船内部に異常な事態が発生するケースについて考えてみる。いろいろな異常の種類が想定できるが,操舵系統に関する異常や主機関など推進装置に関係する異常などは,安全運航の維持に直結する重大な故障である。これらの異常が発生したとき,当直者はどのような情報により**異常事態の発生をまず感知**することになるかを,あらかじめ確認しておく必要がある。続く対応として,主機の異常に関しては機関室へ連絡して状況を確認することとなる。操舵系の異常は直ちに針路制御機能を喪失することとなるので,船橋内で情報を集める他,操舵信号系統の切り替えなどの操作により操舵機能の確保を実施するとともに,異常発生箇所を特定する必要がある。通常と異なる状況が発生したとき,その原因となった機器や要素を推定できる能力が必要である。

従来は長い乗船期間を通して,実際に各種の状況に遭遇することによって,さまざまな状況に対する推定能力が育成されてきた。今後は,乗船期間の短縮

や機器の信頼性の向上により，異常事態に遭遇する機会が減少し，能力育成の機会が減少することが予想される。しかし，機器が完全でなく異常な事態が発生する危険性はつねにある。個人の努力のみでなく，会社や関係団体などにおいて異常事態の共有化を図ることを推奨する。

(2) 異常や故障を修復する

主機関係の異常は機関室へ直ちに連絡し，原因追究と回復のための対応を依頼することとなる。操舵系の異常は直ちに針路制御機能を喪失することとなるので，船橋内で操舵信号系統の切り替えや非常操舵システムへの切り替えをする必要がある。その後，操舵機能の回復に対処することが必要である。また，必要に応じて機関部へ対応を依頼することも必要である。

(3) 異常や故障の発生に対して関連して行うべき事項を達成する

異常の発生に対し，異常個所の回復に努めると同時に，安全運航の維持に必要な対応がある。異常事態の発生時，本船の行動が意図しない運動に発達することもあるので，付近航行船への連絡が必要な場合もあるし，付近航行船との離隔距離の確認も必要である。この他，必要に応じて，信号旗の掲揚，海上交通センターや関係会社への連絡もある。また，異常事態への対処や回復に長時間を要する場合には，速やかに航海計画の変更を行うとともに，本船内の全部署への連絡も必要となる。

(4) 航行船の異常行動を認識し，対処する

ここでは，異常が他の船舶で発生した場合について考えることとする。付近を航行する船において，本船で発生すると想定した異常事態が発生することはありうることである。航行船が異常な行動をした場合には，本船として，どのような行動をすべきかを，つねに想定しておく必要がある。また，他船に異常な事態が発生していなくても，本船から見ると予想していない行動をとることもありうる。これらの異常な事態が周囲の船舶に発生したときも，本船が安全な運航を維持できる状況をつねに確保しておくことが必要である。先航船の急な進路変更による異常接近は，先航船における故障の発生ばかりが原因ではな

い。先航船の周囲で危険が発生したことによる対応行動の場合もある。

　他船が本船の安全運航を脅かすことをつねに想定し，他船と本船との船位のとり方や船間距離の確保を考慮する必要がある。状況に応じて意図を確認するための通信や，海上交通センターへの確認も必要である。

　また，注意しなければならないこととして，本船の異常な行動が他船との危険な関係をつくる場合がある。本船においては通常の行動として認識している行動が，他船から見ると異常な行動と認識され，操船意図を確認する VHF 無線電話による通信が入ることのないよう，海技者としてのシーマンシップを備えておきたいものである。

(5) 気象・海象の異常を認知し，対処する

　気象・海象の異常とは，本船の安全運航の継続に関係する自然環境の変化を示している。視程の急激な低下，予期せぬ潮流による圧流，強風により針路制御が困難になる場合などは，それぞれに適切な対応を必要とする。つねに本船の運動状態や周囲の状況を監視することにより，状況の変化を察知することが可能である。

　急激な視程の減少を察知した場合は，周囲の船舶と前方の状況を確認し，RADAR/ARPA 情報を確認すること，そして見張り体制の強化，霧中信号の開始などが行われなければならない。

　潮流や風圧力などの外力により，本船の運動に変化が起きたときは，早期に認知しなければならない。早期の認知は危険回避や計画を確実に遂行するために大切なことである。早期に状況を認知するためには，航海計画の段階から船首目標の設定を行い，逐次の設定針路に基づき実航針路を海図上に記入する。パラレルインデックスの利用も簡便かつ有効な方法である。

　強風により針路の保持が困難な場合は，計画経路の変更や緊急事態への対応が必要となるので，船長へ連絡して指示を仰ぐ必要がある。

異常事態対応技術に関連する事項

　異常事態対応の技術達成に影響を与える要因としては，本船，周囲航行船舶，そして気象・海象の異常事態などがある。これらの各事項の影響は，前述の機能の説明において記述してあるので，ここでは，異常事態対応技術に関連する事項について述べることとする。

　異常事態に適切に対処するためには，異常事態の発生項目を事前に予想しておくことが必要であり，その対応を考えておくことが重要である。異常な事態は予期せずに起こり，それに対する対応は短時間で実施しなければならないことが通常である。このために，**あらかじめの検討**がぜひとも推奨される。

　異常事態への対応は，異常が発生したときの航行状態により変化し，決して1つの対応で済まされるものではない。輻輳海域を航行中は他の航行船との危険の発生をつねに考慮し，対応を選択しなければならない。航行水域が制約されている状況で，船体運動の制御が困難となる異常事態が発生したときには，座礁予防を第一に対策を検討する必要がある。

　各種の異常事態の内容に発生時の状況を加味しての検討が事前に行われることが必要である。

重要事項：異常事態対処の技術により達成すべき機能

① 異常発生箇所を認識する機能
② 異常や故障を修復する機能
③ 異常や故障の発生に対して関連して行うべき事項を認識，達成する機能
④ 航行船の異常行動を認識し，対処する機能
⑤ 気象・海象の異常を認知し，対処する機能

2.9 技術と人を管理

上記8項の要素技術を適切に使用して安全運航を実現する技能と，船内の人的資源を有効かつ効率的に活用する技術を対象とする。

定義

管理に関する技術とは，前項までに述べた8項の要素技術を組み合わせて安全運航に対処する技術と，チームメンバーの技能を最大限に活用してチームの機能を高める技術である。

ここでは技術管理と組織管理に大別して解説する。

〔技術管理〕

前節までに説明した8項の要素技術は，それぞれ他の要素技術と独立して特定の機能が実行されることにより達成される技術である。この点から各要素技術は特定の機能達成に結びついている。しかし，現実の船舶の安全運航達成のためには，個々の要素技術を組み合わせて実行することにより，効果的な機能達成を果たすこととなる。具体例をいくつか示そう。

(1) 衝突回避操船

衝突の危険があるときは，まずはじめに危険船の発見が見張り機能により実行される。**見張り機能**をより効果的に実行するためには，船橋内に装備されたRADAR/ARPAなどの航海機器により航行船の情報を収集することが必要である。航海機器をどのように使用すればよいか，どのような情報を得ることができるかは，**機器取り扱いの技術**により実行される。将来危険となる船舶を避航するために必要な情報収集やその時期に関する技術は，衝突回避操船局面における将来予測の必要により発生する。この点から，機器取り扱いの技術は，見張り技術の機能を高めることを目的として実行されると考えられる。このように，1つの技術が，他の技術の目的を効果的に達成するために，組み合わせて行われる必要が生じる。この点から，**複数の技術を目的達成のためにどのよ**

うに組み合わせて実行するかを判断することが技術管理として表現されることとなる。

　衝突回避操船に話を戻そう。衝突の危険を確認した後は，衝突回避の方法を決定する段階になる。他船の今後の動向を正確に把握するために，VHF無線電話による交信を行う場合もある。交信の手順や英会話は**情報交換の技術**として実行される。しかし，いつ，どのような趣旨の情報交換をするかは，局面により異なってくる。**局面に応じて情報交換の技術をどのように実行するかを決定することも技術管理**の重要な機能である。

　避航操船の決定においては，国際海上衝突予防法や海域毎の特別法の適用を考える必要があるのは当然である。法規・規則に従った避航操船を行うにしても，本船の操縦性や可航水域の制約などの条件下で実施することとなる。ここでもまた複数の技術，すなわち，**法規遵守，船位推定，操縦の技術**を組み合わせて行動を決定することとなり，技術管理機能が必要となる。

(2) 異常事態への対応

　次に，狭水路を航行中に，主機に異常が発生した場合を考えてみる。主機の異常を感知し，正常な状態へ復帰させる手順については，**異常事態対応の技術**により実行される。しかし，安全な運航の維持はこの機能のみでは達成できない。主機の異常により舵効きの劣化が生じることにより，針路の制御が困難になる。そのため，緊急にいくつかの対応が必要となる。周囲の状況の確認（見張り機能），機関室への連絡，周囲の船舶への連絡（情報交換機能），航海計画の変更（航海計画機能），そして実行（操船）などである。大切なことは，これらの対策の優先順位を決定し，個々の対応の関連性を考慮した上で，続けて行う必要のある技術の決定である。**優先順位の決定，各技術機能の関連性を決定する機能も，技術管理**の重要な機能である。

〔組織管理〕

　組織管理とは，複数の海技者が船舶の運航に同時に関与し，安全運航の目的を達成するときに必要となる管理の技術である。その内容は，複数の人間に

より，同一の目的を達成するために必要な機能を，効果的に達成する技術である。組織は通常，組織を統括するリーダーとリーダー以外の構成員（通常，チームメンバーと称される人々）により構成される。チームが目的を達成するためには，**明確な目的の設定と目的を達成するための方法**を明らかにする必要がある。目的とその達成方法は，基本的にチームリーダーが設定する。当然その内容はチームメンバーに説明されることとなるので，必要に応じてメンバーの意見が反映されることもある。設定されたチームの達成目的を実現するために，実行すべき方法が決定される。実行すべき内容は，対応する機能単位で各チームメンバーに**役割分担**されることになる。役割の分担はリーダーの行うべき機能であり，そのためには**必要機能の理解**と，それを実行するメンバーの**技能の評価**も，リーダーとして必要な機能である。メンバーは分担した機能を実行し，実行した機能により得られた結果をリーダーに**報告**する必要がある。リーダーは各メンバーより**報告された内容を統括**し，**現状分析，将来予測**を行い，**行動計画を立案**し，**実施**することとなる。メンバーからの報告やリーダーからの指示は口頭で行われることが多いが，文書による場合もある。いずれにしても，チーム活動においてチームメンバー間での情報交換は不可欠な機能であり，この**情報交換機能が組織管理技術の要件**の1つとなる。さらに，チーム活動においては，各メンバーの達成機能はチームの目的達成に対応した関連性を維持する必要がある。個々のメンバーが他のメンバーやリーダーの行動とは**関連性のない機能を達成することは，チームの活動に貢献したことにはならな**いと理解すべきである。個々のメンバーの達成する機能は有機的に結びついている必要がある。このことから，メンバー間の行動，すなわち機能達成の内容は互いに協調する必要があると指摘される。この**協調機能も組織管理技術の要件**の1つである。

　以上のような**組織管理のために必要な機能**を，ブリッジチームの活動を対象に考えると以下のとおりである。

(1) チームリーダーに求められる技能
- チームリーダーはチーム構成員全員にチームが実行する目的達成の内容を明確に告知するとともに，目的達成に必要な行動を具体的に示さなけ

ればならない。
- チームリーダーはチーム構成員の技能を評価し，構成員全員の担当業務と業務内容を明確に指示しなければならない。
- チームリーダーはつねにチーム構成員の行動を監視し，チームの活動を活性化し，最良の活動状態を維持しなければならない。チーム構成員の行動状態は分担する仕事の達成度と報告の頻度などにより判断できるので，チームリーダーはつねにそれを監視する必要がある。もしこれらの点に不十分な状況があるときは，機能達成を促進するためのアドバイスや指示を行うことが，チームリーダーの機能として必要である。
- チームリーダーもチームの一員であることから，次に示すチームメンバーに求められる技能も必要である。

(2) チームメンバーに求められる技能

ここに示すチームメンバーに求められる技能は，チームメンバーの一員としてチームリーダーも同様に満たさなければならない技能である。

- チームメンバーはチーム構成員全体が情報を共有するために有効な情報交換を実行することが必要である。
- チームメンバーはその行動によってチーム活動が円滑に実行できるように，つねに協調的行動をとることが必要である。
- チームメンバーはチームリーダーの意向に従い，チーム全体の活動を活性化し，チームの目的達成に貢献しなければならない
- チームメンバーはチームリーダーより指示された業務を達成しなければならない。

管理技術の習得

ここまで示したとおり，管理技術は個別な要素技術の習得とは異なるものである。管理技術のうちの**技術管理**は，要素技術間の結合，優先順位付け，各技術の実施時期などを重要な機能として含んでいる。他の要素技術の習得とは異

なることを知る必要がある。技術管理に見られる各機能は，個々の要素技術に対して十分な技能を有しているからといって満たされるものではない。個々の要素技術に十分な技能を有した上で，さらに習得しなければならない技術である。とくに経験の少ない海技者においては，管理技術を除く 8 項の要素技術に対する技能が不十分なことがしばしば見受けられる。このために 8 項の要素技術に対する技能を前提とする技術管理技能が未熟な状況が多く発生している。8 項の要素技術に比べ，技術管理技能は上位のレベルに属する技術である。そして，技術を管理する技術は，通常の航海中にも必要となる技術であり，若い海技士においても単独当直時などに必要となる技能である。したがって，経験の少ない海技者は 8 項の要素技術を早期に習得し，技術管理技術も続けて習得する必要がある。

　管理技術の 1 つである**組織管理**は，複数の海技者からなる組織において必要となる技術である。管理技術を除く 8 項の要素技術は，単独当直の状況において，安全運航のために不可欠な技術である。すなわち，これらの技術は船舶の運航において，安全を担保するための情報の収集とその活用，そして実行という直接的な技術である。これに対して，複数の海技者が船舶運航に関与する状況では，形成されたチームの活動が安全運航のための必要条件を満たしているかが重要な事項となる。すなわち，組織管理の技術は，複数の海技者によりチームが形成されたとき，チームの活動が**安全運航の実現のために必要条件を満たすために，実行されるべき技術**といえる。詳しい内容は第 II 部「ブリッジチームマネジメント」において解説しているが，組織管理技術の要点は，複数の海技者により形成されるチームが，チーム活動として必要な機能を達成することである。その内容は上に示したとおりである。そして，この技能を修得するためには Bridge Team Management の教育訓練を受講する必要がある。

　管理技術の習得には条件が付いてくる。たとえば技術管理の技術は，他の 8 項の技術を実行できる技能を有した後に，習得する過程に入る。さらに，組織管理の技能は技術管理の技能に比べても，高い基礎技能，すなわち他の 8 項の技能とさらに技術管理の技能を有した後に，修得すべき技能である。これらの前提となる技能を修得する以前に，組織管理技術の技能を向上する研修に参加する事例も多くあるが，技能向上の効率は極めて悪く，チームを構成する他の

海技者の技能向上を妨げる状況も頻繁に観測されている。海技を育成する立場にある人間は，個々の技術の特性を十分に理解した上で，技術の育成を計画する必要がある。

管理技術に含まれる機能

　管理技術の主要な項目として技術管理と組織管理について説明してきた。海技者が船上で任務を果たすとき，さらに多くの管理に関する技能も必要にはなるが，ここでは省略する。ここで対象とする2項の管理技術について，達成すべき機能を以下に述べる。技術管理と組織管理のそれぞれにおいて，各項の内容は異なるが，機能として総括できる。

(1) 管理の対象を理解する

　管理対象により実行すべき方法は異なるので，対象の識別が重要な事項となる。技術管理においては，たとえば複数の技術を必要とする局面の違いが対象の違いとしての一例である。局面の違いにより技術の優先順位が逆転するなど，対象局面が実行すべき技術管理の内容を変化させる。

　組織管理については，組織として対応する局面と組織の構成員の形態が管理の方法を変化させることとなる。対応する局面は狭水路航行，着桟操船，あるいは荷役作業など，多様である。当然，対象局面の違いにより，仕事の目的や役割の分担方式，実行手順も異なってくる。さらには，構成員の違いや組織の大きさによっても異なってくるので，その違いが管理の方法を変化させることを理解して対応することが必要である。

(2) 管理の方法を理解する

　管理の方法は，先に述べたそれぞれの管理技術の実行内容に該当する。対応する局面に応じて，実行すべき管理内容はどれであり，どのように必要事項を決定するかを理解することが必要である。

(3) 管理技術として実行すべき内容を実行する

（2）で述べた管理の方法を理解することにより，実行すべき内容が決定される。決定された内容を，効率的に実行することもまた，重要なことである。

(4) 機能を評価する

対応する局面に必要な実行すべき機能を理解することは，管理方法を決定する最重要事項である。技術管理，組織管理の双方において，局面の違いごとに達成すべき機能を評価することが必要である。種々の局面を想定し，各局面に必要な機能を整理することは，管理機能の理解と事前の検討・評価としても有効である。読者もぜひ試みられることを推奨する。

(5) 技能を評価する

これは組織管理において必要な項目である。組織を構成するメンバーに対して，リーダーは必要機能を達成するための役割を分担させる必要がある。このとき，メンバーの個々人が有する技能を評価する必要がある。構成員全員が同一の技能を有することはなく，個々に異なる技能を示し，さらに機能ごとに技能の高低差を示すこともある。役割の分担においては，組織全体で実現できる最高の機能レベルを達成できることを目標とする必要がある。

管理の技術達成に影響を与える要因としては，管理の対象や管理対象である組織員の技能などがある。これらの各事項の影響は，すでに機能の説明において記述してあるので，ここでは省略する。

重要事項：管理の技術により達成すべき機能

　本節では管理の対象として，人の組織と技術を取り上げた。人の組織に関する管理については第Ⅱ部「ブリッジチームマネジメント」において，必要機能を記載している。ここでは技術管理の重要事項を記載する。
① 適用すべき技術を選択する機能
② 技術の実行内容を選択する機能
③ 技術の実行頻度と実行時期を決定する機能
④ 複数の技術を適用するときの優先順位を決定する機能

第3章

経験の少ない海技者に多く見られる不十分な行動特性

　本章では東京海洋大学の操船シミュレータセンターで実施された海技者の行動特性の研究結果について紹介する。本研究は川崎汽船株式会社の伊藤耕二氏が経験の少ない海技者の行動特性を研究した結果を参考にしている。伊藤氏は経験の少ない海技者の実務における行動がしばしば船舶の安全運航を阻害している現状を改善するためにこの研究を進めたものである。ここにまとめられた経験の少ない海技者の行動特性はわが国の海技者についてのみ見られる特性ではなく，世界各国の経験の少ない海技者の行動特性であることも指摘されている。この点からも今後の船舶運航の安全性を維持するために極めて重要な内容である。

　本書を読まれる方のなかで，経験の少ない海技者においてはとくに参考になると思われるので本章をまとめることとした。そして，経験の豊富な海技者においても，経験の少ない海技者の示す行動特性をよく理解して，経験の少ない海技者の技能の向上を図るために有効と思われる。

3.1　計画の作成

　経験の少ない若年の海技者がかかわる計画の立案機能は，航海当直へ入直する際に事前に準備する事項が多く該当する。その内容は第2章において詳しく述べた個々の事項に関する機能であり，準備作業を実行するために必要な直接的な機能である。当然，基本的な事項は海図上に記載されているが，航海を実

行する海技者は直前に必要事項を確認する必要がある。しかし，経験の少ない海技者はしばしば次に示す点において不十分な行動を示している。

(1) 必要情報の収集

当直の前には当直中に必ず発生する状況を確認するとともに，発生する可能性のある状況を推定することが必要となる。確認すべき内容としては，変針計画や計画経路の航行，海上交通センターとの交信などがある。変針操船においては，変針目標の方位距離を確認するほか，Wheel Over Point の確認も必要である。計画経路を実現するためには，パラレルインデックス（Parallel Index）を利用するための準備や，危険水域への侵入を回避するための No Go Area の決定は重要な事項である。

発生が予測される状況とは，気象・海象の変化と，それらが航海に与える影響も事前に確認する必要がある。その他，他の航行船との出会いと干渉の発生個所に関する情報の収集が必要である。

(2) 必要な行動の確認

前項に指摘した収集された必要情報は，航行中の行動として実行されることが必要である。このためには情報に基づく必要行動を海図上に記載し，遅滞なく必要に応じて実行できる準備をしておくことが推奨されている。

重要事項：計画作成の技術により達成すべき機能

① 当直前には当直中に発生する状況を確認，推定する。
② 推定する状況に対して、必要な行動内容を海図上に記載する。

3.2 見張り

　見張りの機能の主要な目的は，情報の収集，解析，そして将来状況の予測である。経験の少ない海技者の不十分な行動特性はその各過程において指摘されている。

(1) 情報収集過程

　まず情報の収集方法については，目視による情報収集が少なく，容易に情報取得が可能な航海機器による情報収集が中心となっていること。目視による情報収集を行う場合でも，観測範囲が船首方向の左右 30 度範囲に限られていることや，十分な情報を収集するには短すぎる観測時間であるために，単に他船の存在を認識するにとどまっている点が指摘されている。他船の行動を把握し，将来予測が可能な観測を心掛ける必要がある。

　情報収集過程の欠陥により，危険船の発見が遅れ，最終的には避航行動の遅れをきたし，危険な状況を生じる事態に至るケースが多く見られる。

(2) 情報解析過程

　情報の解析は単一の取得情報のみでなく，複数の方法により取得した情報を分析することが必要である。目視により得られた情報，航海機器により得られた情報を統合し，必要な情報を得る。しかし，経験の少ない海技者は，目視により得られた情報と，航海機器により得られた情報を，一致させることが不十分な場合もよく見られる。

　航行船の運動は一定でなく，つねに変化する可能性を含んでいる。たとえ一定な運動を持続している場合でも，海上において正確な将来予測をするためには，継続的な観測により情報を得る必要がある。この点においても，経験の少ない海技者は継続的な監視を実施することなく，状況の把握が不十分となり，状況の認識が遅れてしまう場合が多く見られる。

(3) 将来予測の過程

　将来予測が正確に行えないと，将来危険になる船舶と安全に航過する船舶とを識別できないことになる。これは，避航を必要としない船舶に対して高い監視の重要度を持続する状況を生じるだけでなく，避航すべき船舶への注意の重要度を低下させ，行動の実施を遅らせることにつながる。危険船の判別，避航の順序の決定にかかわる将来予測の技能向上は，安全航行を実現するために大変重要である。

重要事項：見張り技術により達成すべき機能

① 目視による観測を中心とし，見張り範囲は本船近傍と遠方までを対象とする。
② できる限り早期に，他の航行船を見つける。
③ 航行船の状況について，次の情報を収集する。
　・相手船の本船からの距離と方位
　・相手船の針路と速力
　・本船への干渉状態をCPA，TCPA，BCRとして把握する
④ 本船への干渉状態に基づき，複数の相手船に対して注意の順序付けをする。
⑤ 危険船に対しては，継続的に監視し，余裕のある時期にVHF交信や避航行動を実施する。

3.3 船位推定

ECDIS，Chart Plotter，GPS などの航海機器の発達に伴い，目視や RADAR などによる船位の測定に関する技能が劣ることが指摘されている。航海機器の発達による船位推定技能の低下は，単に測位技能の低下にとどまらず，測位に付帯する技能に影響を及ぼすこととなる。たとえば，船首目標を利用して変針点までの距離を把握することができない。容易な方法による船位推定ができないために，変針点に近づくと頻繁に海図を確認する行動をとることが指摘されている。

そこで，東京海洋大学の操船シミュレータセンターで実施している海技者研修では，あえて ECDIS を使用せずに，Compass，RADAR による船位推定を練習し，測位にかかわる技能の向上を図っている。その研修中に見いだされた経験の少ない海技者の不十分な特性を次に示す。

(1) 船位推定技能

現実の船上では上記の航海機器による船位計測を利用しているために，RADAR による船位計測に要する時間が長く，その精度も低下していることが明らかとなった。

(2) 船位推定から得られる情報の活用

船位は機器により自動的に与えられる感覚が強くなり，得られた船位を利用して現状や将来を予測する観点が乏しくなっている。測定により得られた船位からは本船の運動に影響を与えている風や潮流の状況を推定することができる。連続する船位の変化を吟味することにより，避険線への接近の予測や，計画経路からの偏位の予測と修正方法の推定ができる。船位の推定によって得られる重要な情報がみすみす見逃されている点は重要であり，改善されるべき技能である。

また，次の変針点までの「距離と方位」「ETA の推定」「ETA を合わせるための Required Speed の計算」など，一連の作業を十分に認識できていない点も観測された。この点も航海の全体を視野に入れた行動が不十分であることを示

している。

(3) 船位推定と他の必要行動との関係

　船位推定の時期と他の必要行動との優先順位付けが正しく行われていないことが確認された。たとえば，変針操船中や避航操船中に船位推定の計測や作業を実施することがしばしば観測された。

重要事項：船位推定技術により達成すべき機能

① ECDISやGPSなどの計器による船位推定のみでなく，クロスベアリングやRADARによる船位推定の技能を向上させる。

② 船位推定は現在の船位を求めることだけが目的ではない。安全な航海を行うために次の情報を収集する。
- 次の変針点までの方位・距離を計測する。
- ETAの定まっている目標地点があるときには，目標地点への方位・距離の他，ETAを実現するためのRequired Speedを求める。
- 本船の運動に影響を与える風や潮流と，その運動への影響を推定する。

3.4 操縦

本船を計画に基づいて操縦する状況において，次の点が経験の少ない海技者に多く指摘されている。

(1) 操舵号令

変針点や避航行動に伴う変針行動を指示するときは，舵角指示と針路指示の2種が使用される。舵角指示により変針運動を行う場合は，回頭を始めるときの舵角と，回頭速度を減少させるための舵中央ならびに当て舵の指示が必要になる。それぞれ適時に適した指示を必要とするので，変針運動中，海技者は継続的に回頭運動を観測し，指示することが必要である。一方，針路指示では舵角の大きさや操作の時期は操舵手に一任される。これら2種の指示方法は回頭目的によって使い分けられるのが通常であるが，経験の少ない海技者はそれぞれの特徴を理解していないために，変針方法にふさわしい操舵号令を誤用する場合が多く観測されている。その結果，見張り機能が低下することや，次の針路へ定針できないことが指摘されている。

(2) 操縦性の理解

操船研修においては，本船の操縦性能を事前に学習する機会を設けている。講義とシミュレータを用いる操船実習を行っているが，十分に理解した活用はできていない点が指摘されている。変針目標角度に対してのOvershootや，変針目標角度よりも手前で回頭が止まるUndershootが発生している。

また，風などの外力の影響を推定できないために，保針・変針操船が正確に実施できないことも観測されている。

(3) 避航操船法

経験の少ない海技者における主要な操縦行動は，変針地点における変針操船と，衝突回避のための変針操船である。変針地点での変針操船における不十分な行動は上述したが，衝突回避操船における不十分な技能は安全運航上，大変重要であり，技能の向上が望まれる事項であるので，以下に述べることとする。

衝突回避行動は，まず見張り技能により衝突の危険を推測し，続いて行動を起こすものである。行動を実行する操縦の段階で重要な事項であるにもかかわらず，不十分な行動がしばしば観測されている。第一は，将来予測が不十分なために回避行動が遅れる点にある。続いて，避航角度が適切でなく，小角度の変針の繰り返しや，過大な変針による第三船への接近や，コースラインからの過大な偏位を生ずる。結果として，目標とする離隔距離を確保できないこととなる。

重要事項：操縦の技術により達成すべき機能

① 変針時に操舵手に行う指示として，舵角指示と針路指示の使用の違いを理解する。
② 本船の操縦性能をよく理解し，変針時の操舵指示を的確に行う。
③ 衝突回避の変針動作は，小角度の変針の繰り返しを避ける。
④ 過大な変針による衝突回避は，第三船への接近や，コースラインから大きく離れることがあるので，注意する。

3.5　航行規則などの法規遵守

　安全な航行を実現するために最低限守らなければならない行動規範が，交通法規である。したがって，海技者はつねにその規範を理解し，行動に反映しなければならない。

　しかし，海上での経験の少ない海技者は，法規の内容はすでに学習しているにもかかわらず，行動に反映できていない状況が観測されている。

　以下，COLREG は「1972 年の海上における衝突の予防のための国際規則（International Regulation for Preventing Collision at Sea 1972）」の略語である。

(1) COLREG 5 条, 6 条, 7 条

　それぞれ「見張り」「安全な速力」「衝突の判断」について記載されている。5 条では見張りの義務と注意事項が述べられている。6 条では他船との衝突を避けるために適切な行動をとること，または適切な速力で航行すること，そして考慮しなければいけない事項として視界状態，本船の性能，交通状況，RADAR の使用方法，気象・海象状況などが示されている。7 条には衝突の危険性の判断の方法について記載されている。

　経験の少ない海技者の行動からは，これら各条において記載されている事項が十分には実行されていないと観測された。

(2) COLREG 適用範囲内における避航行動違反

　避航行動は法規により規定されているにもかかわらず，規定に違反する行動をとることも少なからずある。たとえば避航行動を小刻みな変針行動の積み重ねで実施することがある。また，他船を追い越した後，十分な距離を確保せずに，追い越した船舶の針路を阻害する針路をとる。

(3) COLREG 適用範囲外における行動違反

　COLREG には避航船・保持船の関係が成立する明確な両船の距離について規定はない。互いに視野のなかにある船舶間について避航船，保持船の行動を規定している。しかし，5 マイルを超えるような遠方にある船舶についてまで

行動を規定していると考えるのは妥当ではないであろう。その点から，5マイルを超える距離にある船舶同士はCOLREG適用範囲外にあるとして航行することにより，円滑な海上交通を実現できると考えられる。経験の少ない海技者は，遠方を航行する船舶に対してCOLREG相当の行動を適用し，新たな危険や交通流の混乱を発生させる状況が観測された。

重要事項：法規遵守の技術により達成すべき機能

① 航海に関係する交通法規を理解し，法規に遵守した**行動を実施できる**。
② 想定される法規の適用範囲を理解する。
③ 航行予定の海域に適用される法規を，あらかじめ理解しておくとともに，経験豊富な海技者と話し合いをする。

3.6 情報交換

　情報交換の技術は情報を交換する相手により2つに分けられる。1つは船橋内にいる他の乗組員との情報交換，他の1つは船橋外の本船内部の他の部署や，本船外の他船や，海上交通センターとの情報交換である。船橋内にいる他の乗組員との情報交換の重要性は Bridge Team Management において重要視される機能である。

　本節では，船舶の運航において安全性を維持する上で極めて重要となる本船外の相手を対象とした情報交換の技能について指摘する。

(1) 情報交換の内容

　情報交換の目的は互いの必要とする情報の交換であることは言うまでもない。したがって，この基本的な目的を達成できないことは大変問題である。すなわち，経験の少ない海技者は，本船の意思の伝達，依頼事項，質問事項など，航海状況に応じて決まる情報交換の目的を達成できない場合がある。情報交換の開始以前に十分に検討し，目的を達成できる論理的思考が欠けているケースが多く観察される。

　また，情報交換の相手から必要な情報を取得する場面においても，必要な情報の一部のみの取得に終わることもある。あらかじめ交換内容を整理し，準備することを心がける必要がある。不十分な情報のみでは相手の意図を正確に理解できず，本船の行動を正しく決定できないことになってしまう。

　不十分な情報交換では，本船の操船意図が正確に相手船に伝わらない場合や，相手の意図を正確に把握できない状況となり，時に極めて危険な状況を招くことがある。不十分な情報交換は危険を自ら招くということを心に留めておく必要がある。

(2) 情報交換の時期

　他の航行船と干渉状態が発生したとき，お互いの意思の確認や避航要請が必要になる。経験の少ない海技者は，しばしばこの情報交換の時期を誤ることがある。すでに避航動作を開始していなければならない時期に，相手の行き先を

確認したり，行動予定を問い合わせる交信を行うことがある。これは一刻も早く互いに衝突回避の協力行動の開始を確認すべき段階にあることを認識できていないためと考えられる。情報交換の内容，時期が不十分な理由は，使用言語が母国語と異なるためではなく，船舶の運航に必要な海技に関する技能の欠落があると考えられる。したがって，情報交換技能を向上させるためには，まず海技の技能を向上させ，あわせて問題を論理的に捉える能力を育成する努力が必要である。

(3) 情報交換の使用言語など
 (1)において指摘したとおり，伝えるべき情報が整理されていないために情報交換が不適切となり，英語での交信がうまくいかなくなることが多い。事前に交信意図を明確にし，英語表現を用意すれば，かなり改善されると考えられる。
 経験の少ない海技者は交信時間が長くなる傾向にあるが，上記の点を改善することにより，これも改善されると考えられる。

重要事項：情報交換の技術により達成すべき機能

　船橋内における情報交換は，第Ⅱ部「ブリッジチームマネジメント」において詳述している。以下は他の航行船や船橋外との情報交換における重要事項である。
① 情報交換をする目的を明確に判断し，交信に先立って交信事項を整理しておく。
② 情報交換の時期は，交信内容により実行すべき行動がとれるように，余裕を確保して行う。とくに，衝突回避に伴う情報交換は可能な限り早期に行う。
③ 英語による情報交換においては，基本文型を最小限，早期にマスターしておくことが有効である。交信内容を整理しておくことはとくに重要である。

3.7 機器取り扱い

　船橋には多くの航海機器が装備され，船舶運航に果たす役割は極めて重要となっている。以下に，これらの機器を有効に活用するか否かが，安全運航の実現に大きく影響している事例を紹介する。機器の特性を理解し，有効に使用できているかという視点から，経験の少ない海技者の行動を観測した結果，以下の点に問題があることがわかった。

　東京海洋大学の操船シミュレータセンターで実施している海技者の行動特性の調査においては，あえて ECDIS や AIS の支援のない状態での航行状況を再現し，海技者の基本的な情報収集特性や，船舶の操縦特性を調査している。ここに示される機器取り扱いに関する行動特性も，この条件下における特性である。海技者が利用している情報やその利用方法を，明確に推定するための実験条件および観測環境をつくり出したことにより明らかとなった結果を紹介する。

(1) RADAR / ARPA の活用

　測位や他船情報の収集に活用される機器として RADAR / ARPA を装備し，その活用の特性から次の不十分な行動が観測された。

① Radar Range の選択

　　Radar Range は見張り範囲に該当するものであり，Radar Range が短距離に限定されれば遠方の物標の発見は遅れる。危険船の発見が遅れる要因となる。また，長距離に限定されれば近接物標との航過距離や小さな物標の発見を不可能とする。とくに視界不良時には Radar Range は短距離に限定される傾向が強く，危険船の発見が遅れる結果を生むこととなる。Radar Range はつねに切り替えて，遠方と近傍の両方の観測を実施することを心がける必要がある。

　　また，船位の推定のために RADAR を用る場合に，目標をできる限り短距離 Radar Range で捕らえて，できる限りリングの外周に近い状況で計測することも実行されていない。

② 運動ベクトル長の選択

　他の航行船の運動状況や将来の干渉状況の推定には，運動ベクトルが有効な情報を与える。しかし，遠距離の Radar Range においてベクトル長が短時間設定になっている場合，ベクトルの長さは短くなり，ベクトルの方向を判別することが困難となる。また針路を変更した場合の変化に気づくことも困難となる。

③ RADAR の基本機能の活用

　RADAR は第 2 の EBL 設定などの機能を有しているが，これを用いた他船との干渉状況の把握や，パラレルインデックス（Parallel Index）による安全航行の実現への活用が極めて少ないことが観測された。他船が本船の船首を航過するのか，船尾を航過するのか，その航過距離は如何ほどかを RADAR の機能を用いて推定することが少ないことも観測された。

④ ARPA 情報の活用

　ARPA の情報は相手船の情報を数字で表示するため，正確な判断を助けることができる。しかし，表示できる船舶の数に限りがあり，注視を必要とする重要な船舶を適切に選択し，表示することが必要である。経験の少ない海技者は重要度の低い船舶の情報を表示し，重要な船舶として注視すべき船舶を選択・表示することなく，情報を収集していないこともしばしば観測された。

　以上述べたとおり，機器の取り扱いは船舶運航の技能とその達成レベルに密接な関係がある。機器取り扱いにより得られる情報の意味と活用方法を十分に理解することが必要である。

(2) Head up Display などの活用

　東京海洋大学の操船シミュレータセンターにある船舶操縦シミュレータの船橋内部には，RADAR / ARPA 以外にも各種の機器が設置されている。主機関の操作と動作状況を示す計器類，操舵システムに関する機器，汽笛などの信号機器などである。航行に直接関係し，つねに監視を要する機器としては，船橋

前面の窓の上に装備された Head up Display として，船速計，プロペラ回転数計，風速・風向計，舵角指示器，回頭角速度計などがある。これらの機器による確認も少なく，状況の把握や将来予測が乏しく，回頭角の制御や船速の変化に対する関心が少ないことが観測されている。

重要事項：機器取り扱いの技術により達成すべき機能

航海機器を用いる目的は，航海に有効な情報を得ることにある。情報を航海に活用する意識を強く維持し，次の点に注意する必要がある。

① RADAR/ARPA の使用については，次の点に注意する。
- Radar Range を適時切り替え，遠方と本船近傍の両方を監視する。
- Radar Range に応じて他船ベクトル長さを設定する。
- Parallel Index や BCR の情報を操船に活用する。
- 危険船の優先順位付けを行える技能を習得し，その情報収集を行う。

② Head Up Display をはじめとして，船橋に装備された機器から得られる情報を整理し，その活用法を理解し，航海に利用する。

3.8 技術の管理

　一般的に船上における管理の対象は極めて多岐にわたるが，経験の少ない海技者にまず要求されることは，安全な運航を維持するために必要な技術を適切に行使することである．そのためには技術により達成される機能を知り，適時かつ適切に実行することが必要である．この点から，技術行使に対するこれらの機能を技術管理と定義している．本節では技術管理の観点から経験の少ない海技者の行動特性を調査した結果をまとめる．

(1) 技術の実行

　前章で指摘した管理の技術を除く 8 項の技術を，適時かつ適切に実行することが必要である．たとえば，衝突の危険のある船舶と遭遇したときは，見張り，情報交換，機器取り扱い，法規遵守，操縦などのいくつかの要素技術の実行が必要である．このとき，いつ，どの技術を実行すべきかを判断することが必要となる．状況によって実行の手順は変化するが，適切な技術の選択と適時の実行が必要である．しかし，経験の少ない海技者は状況の変化の違いや必要機能の判別ができないために，適時に適切な技術行使ができないことが多く観測された．

(2) 技術の選択

　船舶運航のある局面においては，複数の要素技術をほぼ同時期に実行する必要性がしばしば生ずる．たとえば，見張り作業と船位推定作業，そして情報交換を短時間のうちに実行する必要性が生じることがある．このような場合，各仕事により達成できる機能の重要度を判別し，実行の順序を決定する必要がある．経験の少ない海技者は直面する状況に基づいて適切に判断することが不得手であることが観測より確認できた．

　経験の少ない海技者は基本となる各要素技術の達成において，多くの不十分な行動をとることが観測されている．とくに技術管理の達成度は大変低い．これは，技術管理は各要素技術の機能と実行方法を熟知した上で達成できるものだからである．したがって，適切な技術管理ができる段階では，その他の要素

技術に対する技能も向上していると考えられる。経験の少ない海技者は基本となる各要素技術の達成をまず目標とし、技能の向上に努力する必要がある。

重要事項：管理の技術により達成すべき機能

経験が少ない海技者に見られる不十分な技能の典型は、技術管理の技能である。技術管理の技能を習得する方策を以下に示す。
① 複数の技術を行う必要がある航海の局面において、いつ、どの技術を実行すべきか、適切な技術を選択し、適時に実行する。
② 複数の要素技術を同時に行う必要があるときは、技術の実行により達成できる機能の重要度を判断し、実行の順序を決める。

技術管理は各要素技術の機能と実行方式を十分に理解しなくては達成できない。したがって、まずは各要素技術に対する技能を高める必要がある。

第4章

要素技術展開の意義と活用

4.1 要素技術展開の意義

　第2章において，船上でなされている多くの行為は安全運航を達成するための技術の行使と理解されることが明らかとなった。そして多くの行為は多くの技術に対応し，その技術の数々は目的とする機能に従って9つの技術項目に分類されることが理解されたであろう。9項の技術は互いに他の技術の機能と異なり，互いに独立で，基本となる技術であることから，要素技術と呼ばれている。そして，船上では各種の局面に対峙するとき，安全な航海を達成するために必要な要素技術を組み合わせて必要な機能を実現することになる。

　では次に，多くの技術を要素技術に分類，定義することの意義を考えてみよう。

(1) 安全運航の実現と必要技術

　船舶の安全運航の実現に関係する要件については，1.4節「安全運航の成立条件」において図示した。図 I-4-1 として再掲する。

　図の縦軸は海技者が実行できる技術のレベルを示している。横軸は航海環境が要求する必要技能レベルを示している。両者の示す関係は以下のように解釈できる。ある航海環境を想定した場合，たとえば，沿岸を VLCC で航行する場合を考えよう。この海域においては潮流も想定されているので，座礁事故への十分な対策が必要であるとする。このような環境では船位を頻繁に計測し，浅瀬への接近を事前に察知することが必要になる。高精度で頻繁に船位を計測

することが必要な条件となる。たとえば5分毎に誤差0.5ケーブル以内の船位推定を要求する海域と考えることができる。これが横軸の示す航海環境が要求する技能レベルを意味する。この海域を航行する海技者の示す技術達成のレベルが，環境が要求するレベルと等しく，5分毎に誤差0.5ケーブル以内で船位推定ができるとすると，安全な運航のための船位推定が満たされることとなる。この状

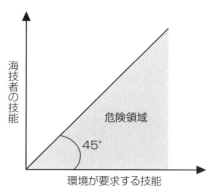

図I-4-1　安全運航の成立条件

況は図において，45度の傾きを持つ直線上の一点として示される。45度の直線は，このように縦軸，横軸のそれぞれが要求する技術の達成レベルが等しい状況を結んだ線ということである。

　一方，海技者の技術達成レベルが，5分毎より頻繁に，3分毎に誤差0.5ケーブル以内で船位を推定できるとする。この場合，海技者の技術達成レベルは，環境が要求するレベルより高いこととなる。この状態は図では45度の直線より上の領域内の点として表される。海技者の技術達成レベルは環境が要求するレベルより高いので，当然，安全運航に必要な船位推定が実行でき，安全な運航の条件が満たされることとなる。

　これに対して，海技者の技術達成レベルが低く，環境が要求するレベルである5分毎の誤差0.5ケーブル以内での船位推定ができない場合がある。この場合は，安全運航のための条件である必要な船位推定が行われず，危険な状態となる。この状態は図では45度の直線より下の領域内の点として表されることとなる。図では危険領域として示されている。

　例示した内容からも理解できるように，安全な運航が実現されるためには，環境の条件により決定される必要な技術の達成が必要不可欠である。上記の例では，船位推定の技術のみが要求される環境を示したが，環境の条件により必要な技術の種類と数は多いのが通常である。その場合においても，どの要素技術がどの達成レベルで要求されているかによって横軸の条件を求めることがで

きる。そして，海技者が要求される技術に対する達成レベルを推定することにより，航行の安全性が推定できることとなる。
　船舶運航の安全性を，必要技術と達成可能な技術の比較により推定できることになる。

(2) 対象局面における必要技術が明確となる
　船上で直面するさまざまな状況において，安全運航を達成するためには，海技者がどのような行動をすべきかは重要な課題である。これは，その状況において行うべき行為の内容に該当する。
　たとえば，航行中に他の航行船と遭遇する状況を考えてみよう。航行船との衝突を回避するためには，海技者は以下の活動を行うことが必要である。

① 航行船の発見
② 航行船と本船との干渉の推定
③ 避航手段の決定
④ 衝突回避動作の実行
⑤ 回避効果の確認

　ここに列挙された避航行動は，段階毎に必要となる要素技術に対応している。最初に実行されるべき行動は「航行船の発見」である。この段階で関係する技術は「見張り」であり，見張りの方法によっては「機器取り扱い」の技術も必要である。次の段階では将来発生する本船との干渉状態の推定が必要となる。これは継続的な「見張り」によって達成されるが，RADAR/ARPAなどの機器も活用される。この段階での「見張り」ならびに「機器取り扱い」の技能が不十分であると，将来予測が遅れたり，予測を誤り，危険な状態を発生させることがある。将来の予測が確定できない場合には，VHFなどの通信機器を用いて相手船の意思を確認することもありうる。「情報交換」の技術が適用される場面である。将来に衝突の危険が確認されると，避航行動を行うための準備を実施する。避航方法の決定には「法規遵守」と，本船の操縦性の理解に基づく「計画の作成」，周囲の船舶の状況を確認する「見張り」などが行われる。避航計画の確定後，「見張り」技術により状況の推移を監視し，「技術管理」技

術により避航の開始時期を判断する。その後は計画の実行を,「操縦」技術により達成する。避航行動の進展に従い,その効果を確認する。このためには最接距離の変化や,見合い関係の変化を確認するために「見張り」技術を適用する。これにより安全な航過を確認する。避航動作に伴い,予定の計画経路から偏位することになるので,船位の確認を「船位推定」技術により実行する。

　以上のとおり,避航動作の過程を簡単にたどるだけでも,8項の要素技術が適時,適用されていることが理解される。ここでは説明を簡略化するために適用される技術として代表的な項目のみを取り上げているが,より正確に経過をたどると,随所に「技術管理」や「情報交換」,「機器取り扱い」の技術がさらに追加されて実行されていることがわかる。この事例の説明では,本船と他船にとくに異常な状態の発生を仮定しなかったので,「異常事態対処」の技術を適用する場面は含まれていない。

　ここに示した操船局面は一例のみであるが,この他の視界制限状態下における輻輳海域の航行,港内航行,着桟操船など,現実の操船局面のすべてが9項の要素技術の合成により達成されることが理解できる。そして,各操船局面において必要となる要素技術も明確になることが理解できる。

重要事項：要素技術展開の意義

　船舶運航技術を要素技術展開することにより,次のことが可能となった。
① 船舶運航の安全性を,必要となる技術に基づき整理することにより,安全運航を実現するためには,環境条件によって決まる必要技術の達成が,必要条件となることが明らかとなった。
② すべての操船局面において,安全運航のために必要となる技術は,9項の要素技術により整理できる。現実の操船局面では,9項の要素技術の合成により安全運航が達成できることが明らかとなった。

4.2 技術と技能

　システムのなかの人間が行う作業内容を分析した研究は従来から存在する。その分析の視点は，情報処理やマンマシンシステムの制御の問題として取り扱うことが多かった。しかし，人間を全システムの中心として位置づけ，人間の必要機能の観点からの分析は見られなかった。本書で紹介した人間が達成する技術の分析は，海技者の機能を分析した結果である。この分析により，人間の達成すべき機能が明確に分析された。結果として，従来は明確に指摘できなかったさまざまな事項を確定的に指摘できることとなった。これにより，以下に述べる重要な項目について，理解の視点を従来と変えて，前進することが可能となった。システム内に含まれる人間とは，本書では海技者が該当する。船と環境というシステムのなかにおいて，必要な技術の達成を，海技者の技術達成能力として理解できることとなる。海技者の技能について，要素技術展開の視点から考えることとする。

(1) 船舶運航技術の達成能力が海技者の技能として明確化される

　海技者は船上においてさまざまな操船局面に遭遇し，これに適切に対処して，安全な航海を実現することが義務付けられている。この任務を遂行するためには，必要となる技術を達成できる能力が必要である。そして，その能力が「海技技能」として定義され，海技者は海技技能を習得する必要がある。局面毎に必要となる技術を適切に実施することにより，海技者の技能は評価されることとなる。実施すべき技術が要素技術として明確に整理されることから，安全運航のために海技者に要求される機能と，海技者が実行可能な機能との比較により，海技者の技能が明確に評価されることとなる。

(2) 技術訓練への利用

　海技者の備えるべき技術の内容が明確化されることにより，訓練における対象技術が明確に決定される。従来，さまざまな操船局面に基づいて，海技にかかわる技能向上のために訓練を実施することが一般的であった。しかし，この実施方法では，具体的にどの技能が訓練されているかが明確でなく，異なる操

船局面で同じ技能の訓練が実施されることとなっている。訓練する技能を操船局面毎に対応する技能で決定すると，想定される操船局面は極めて多様な状況を考える必要があり，大変多くの訓練課程を修了しないと，実務に対応できる技能が養成できないこととなる。

　訓練している技術がどの要素技術に該当するかを考えることにより，訓練課程を合理的に構成することができる。同じ要素技術でも，操船局面毎に必要技能レベルが異なることは当然ありうる。その場合にも，1つの要素技術の内容が整理されていれば，どのレベルまで技能が向上しているかを，明確に把握できることとなる。

　ここで大切なのは，訓練の方式をすべて変更する必要はないということである。現在実施している訓練において，技能向上の対象としている技術を要素技術に基づき見直すことにより，より合理的な訓練構成を編成できる。つまり，各訓練で実施している内容を，そのなかで必要となる技術に分類することにより再構成できる。

　たとえば，視界の良い状態で，広い海域での衝突回避訓練を実施しているとする。この場合，訓練対象技術は次のように整理される。

① 見張り技術（目視による見張りを重視）
② 衝突回避のための操縦技術
③ 衝突防止に関する交通規則を遵守する技術
④ 技術管理の技術

　続いて，視界の悪い状況での同様の訓練を行うとしよう。その場合の訓練対象技術は次のように整理される。

① 見張り技術（計器による見張りを重視）
② 衝突回避のための操縦技術
③ 衝突防止に関する交通規則を遵守する技術
④ 機器取り扱い技術
⑤ 技術管理の技術

　ここに示した簡単な例でも，多くの重複した要素技術に対する訓練が行われ

ていることが理解されるであろう。限られた時間において，効率的，効果的な訓練を実施する必要がある。そのためには，訓練対象となる技術を明確化し，合理的な訓練体系をつくる必要がある。

　新しい機器が船舶運航の現場に頻繁に導入されている。機器取り扱いの技術を十分に理解する必要があるのは当然である。しかし，機器取り扱いの練習がそれにのみに集中することは，現場での活用の観点からは不十分である。現場での機器取り扱いの活用法を習得して，初めて機器導入の価値がある。上記した2例の訓練シナリオを作成する時点で，この事情が理解されていれば，訓練方法は見直されるであろう。たとえば，視程が5マイル以下の狭視界状態を想定することにより，機器から得られる情報の活用方法，視程内における目視による見張り，これらを重点的に訓練することが1つの方法として考えられることとなる。

(3) 技能評価への利用

　海技者の達成すべき機能が，必要技術として明確化されることにより，各操船局面において必要となる技術と，それを達成するレベルを確定することができる。すなわち，該当する局面において，必要機能を達成する必要のある海技者は，必要機能に対応する技術を，必要とされるレベルで達成することが要求される。技術を達成する能力は技能として定義されている。技術毎に達成すべきレベルを明確化することにより，海技者の必要技能のレベルが明らかとなる。そして，必要技能レベルと比較することにより海技者の技能を評価することができる。

　操船局面毎に必要技能の達成レベルは異なることが一般である。このために，操船局面の困難度に応じて，これに対応する海技者が保有すべき技能レベルは異なると考えるのが妥当である。表I-4-1は各要素技術と，要素技術を必要とする操船局面の関係を示している。表中の印は，その技能を備える必要のある海技資格ランクを示している。

　海技資格が上位の海技者は当然，下位の海技者の具備すべき技能を修得している。したがって，Junior Officerの印があるときは，これ以上の海技資格者（Senior, Captain）は当然その技能を有していることを示している。また，2つ

の印が示されている欄は，環境条件によって必要技術が変化することを示している。たとえば，Anchoring における Maneuvering の技能は，環境条件が穏やかな場合は Senior Officer でも達成できる Maneuvering の技能であるが，環境条件が厳しい場合は Captain の技能が必要であることを意味している。

この表は教育訓練により修得すべき技能を表示していることから，該当する海技者あるいは海技者候補が獲得すべき要素技術とその水準を示している。

表I-4-1　9項の海技要素技術と適応運航局面との対比
（各条件における海技者の技能資格の一例）

	Ocean Operation	Costal Operation	Narrow Channel Operation	Entering/ Leaving Port	Avoiding	Anchoring	Berthing
Planning			◎ ●	◎ ●		◎ ●	●
Lookout	○	○	○	○	○ ◎	○	○
Position Fixing		○	◎	◎		◎	
Maneuvering	○	○	◎ ●	●	○ ◎	◎ ●	●
Rule of Road Observance	○	○	◎	◎	○ ◎		
Communication	○	○	◎	◎	○ ◎	◎	◎ ●
Instrumental Operation	○	○	◎	◎	○ ◎	◎	◎
Emergency Treatment		◎	◎ ●	◎ ●		◎ ●	◎ ●
Management		○	◎ ●	◎ ●	○ ◎	◎ ●	◎ ●

○：For Cadets and Junior Officer　　◎：For Senior Officer
●：For Captains and Pilots

重要事項：技術と技能

海技者の技能を明確化することにより，次のことが可能となった。
① 安全運航の実現のために要求される機能レベルと，海技者が実行できる機能レベルとの比較により，海技者の技能が明確に判断できる。
② 技能を養成する訓練においては，効率的・効果的な訓練を実施するために，訓練対象となる技術を明確化することにより，合理的な訓練体系を作成することができる。
③ 操船局面により，要求される技能レベルは異なる。そのレベルに応じて，必要な海技資格のランクは決定する。また，そのレベルに応じて，操船局面の難易度を評価できる。

4.3　海技者の技能の限界と拡大

　海技者には技術を達成できるレベルに限界があると考えるのが妥当である。たとえば，船位推定の技術を達成するとき，測定の頻度と精度には限界がある。限りなく頻繁に精度100％の船位推定ができると考えるのは不合理である。技術を達成する能力，すなわち技能には限界があるということを理解する必要がある。この観点に立つことにより，さまざまなことが合理的に整理できる。以下に，代表的な事例について解説する。

(1) 事故の原因究明における対象が明確化される

　船舶の運航にかかわる事故の数は，各種の事故原因分析や規則の新設にもかかわらず，一向に減少していない。多くの事故原因分析の結果によると，事故原因の80％あるいは85％以上は人間の行動判断に帰属すると報告されている。しかし，なぜ人間が事故を発生させるような行動をとったか，あるいはとらざるをえなかったのかの原因分析は，ほとんど行われていないのが現状である。事故の原因のほとんどが人間の行動にあるとするならば，事故を減少させる対策は人間の行動特性の研究なくして立てることはできないであろう。技能の限界を知ることが必要である。

(2) 事故原因解析への利用

　事故の原因は海技者の不十分な機能達成によると分析される事例が多くある。船舶における事故原因分析で，このような解析結果が導かれることには，必然的な背景がある。船舶の運航においては多くの機能を海技者が担っている。そして，最終的な行動判断，実行も海技者が担当することとなる。事故の発生過程を分析することにより，どの段階で不適切な判断，行動がなされたかが洗い出されてくる。多くの機能の達成が海技者に課せられていることの必然的な結果として，原因が海技者の行動に結びついてくることとなる。

　事故の再発防止が事故原因分析の目的であるならば，海技者の行った不適切な行動の原因を分析することは必要である。海技者の行った不適切な行動が，どの要素技術に該当するのかを分析し，次にその要素技術の達成に必要な条件

を分析することが重要である．一般の事故原因分析は，海技者の行った**不適切な行動に該当する技術を指摘するにとどまっている．なぜ不適切な行動が発生したのか**という原因分析までには至らないのが通常である．このために事故原因は海技者にあると結論付けられ，真の原因分析がなされないことにより，対策が不十分となり，結果として事故発生件数が減少していないと考えられる．

　これまでの議論で明らかなように，事故の真の原因を解明するためには，なぜ海技者が不適切な対応をすることとなったかの原因を調べ，明らかにする必要がある．適切な対応を果たすための条件を知る必要がある．個々の要素技術を達成するための条件を知るには，海技者の行動特性を分析することが必要である．この分析が基本であり，必須である．分析の成果が待たれるところであるが，この研究に従事する研究者は少ないのが実状である．

(3) 航海機器の開発

　海技者は操船局面ごとに決定する必要機能の達成を義務付けられている．しかし，海技者の機能達成特性を調べてみると，行動特性と機能達成の限界があることがわかる．

　たとえば，見張り機能に関しては次の点が明らかとなった．狭視界の状況においては，RADAR/ARPAによる見張りが中心となるが，視界が良好な場合に比較して，見張りの対象範囲は本船周囲の近距離となることがわかった．また，周囲に危険な船舶が複数存在するとき，視界良好な場合でも，正確な見張りを行える対象船の数は限定されることがわかっている．この2つの事例は海技者の行動特性としての負の部分と，**人間としての**機能達成限界を代表している．いずれのケースも必要機能の達成の観点から見ると，標準的海技者の行動と，機能達成限界は負の要因と考えられる．この負の要因を改善することこそ，航海機器の本来の開発目的であり，開発の意義である．

　周辺技術の発達に伴い，いろいろな機能，形式の航海機器の開発が可能になり実現もされている．しかし，多くの機器の開発は"seeds oriented"であり，"needs oriented"ではない．すなわち，開発できる技術があるので機器を開発する．海技者の必要とする機能があるから機器を開発するというところからは出発していないのである．この背景にはいくつかの原因があるが，その1つ

は機器開発の場と機器利用の場の距離が遠いことにある。これは一般論として「両者の距離が遠いとき，良い機器の開発はむずかしい」と言われていることに正に該当している。これに続く原因としては，海技者の機能が機器の開発技術者に十分に理解されていない点が上げられる。**本書が，海技者の機能を理解するために，航海機器の開発者に利用されることを願っている。**

航海機器が発達する過程で，海技者から有用な機器として受け入れられた機器と，装備はされていても利用されない機器に分かれている現実がある。有用な機器として評価されるためには，海技者が求める情報や機能を提供あるいは実現する必要がある。この議論をさらに核心へ進めるためには，海技者の行うべき技術に対して，機器がどのように貢献するかを明確にすることが必要である。

(4) 航行環境の整備

海技者が必要な要素技術を達成して安全な運航を実現することはすでに述べたとおりである。そして，機能達成のためには一定の条件が満たされる必要がある。これは先に述べた，海技者の行動特性と機能達成の限界が理由となる。たとえば，航路を設定することにより，船舶の流れが整えられ，不規則な船舶交通流に対する見張り分だけ負担が軽減される。これにより，見張りの機能達成は限界内に収まり，十分な見張り機能達成の下に安全な航行が実現されることとなる。

また，交通情報の提供により，他の航行船の現状と将来の行動予定が明らかになる。長期的な将来予測に基づく当面の行動決定が可能となる。短期的な将来予測による操船は，長期的な将来予測による航行計画に基づく操船に比べて，危険度が増すことも実証されている。

(5) 航行環境の安全性推定

海技者の機能達成には限界があることを先に述べた。機能の達成限界内で安全な運航が実現できる環境の整備が必要である。その限界を超える状況では，座礁や船舶間の衝突事故などが発生する。これらの事故の発生にかかわる海技者の技能は，要素技術の各項に関係してくる。各要素技術が十分に実現でき

る環境であるかを検討することにより，該当する航行環境の安全性が推定できる。

> **重要事項：技能の限界と拡大**
>
> 　海技者の技能には限界があることを前提とすることにより，次の点が指摘できる。
> ① 海技者が必要技術を達成する技能レベルには限界がある。
> ② 事故の真の原因を究明するためには，海技者の技能限界を知る必要がある。技能達成が可能な条件を知る必要がある。
> ③ 航海機器は，海技者が機能を達成する範囲を拡大する効果を持つものでなければならない。
> ④ 海技者の行動特性と機能達成の限界を基本とした，航行環境づくりをする必要がある。
> ⑤ 海技者の標準的技能を物差しとすることにより，航行環境の安全性を評価できる。

おわりに

　第Ⅰ部は，海技実務者の技能研修を 20 年以上実施してきた経験と，船舶運航技術の分析研究の結果から得られた知見をまとめたものである。研修の実施過程において観察された海技者の行動特性と，安全運航に必要な技術の研究結果を比較検討している。その結果は多くの国際学会へ報告されている。これらの研究結果を取りまとめ，船舶運航技術の体系を構築した。

　著者自身，東京商船大学の卒業生であり，また教官として研究・教育に従事してきている。しかし，これまで船舶運航に必要な技術，ひいては学問を体系的に捉えた説明は見られなかった。大局的には SEAMANSHIP という言葉で表現されることはある。そして，その内容を分解していくと，見張り，操縦，法規遵守などの代表的な技術は抽出されるが，全体を総合的に統括した形には至らなかった。安全運航に必要なすべての技術を網羅し，その体系を構築することが，安全運航に必要な技術を明確にするとともに，相互の技術の位置づけを明確化することになる。そして，さらに高次の安全運航に必要な条件も明らかとなる。技術の体系は学問の体系であり，学術的な検討に基づく発展が約束されることとなる。

　第Ⅰ部では，以上の視点から，はじめに船舶運航技術の体系を述べた。続いて，体系を構成する各要素技術の内容を理解するために，各要素に対応する技術の内容を安全運航の実現と関係付けて説明した。「はじめに」において述べたとおり，各要素技術の習得のために具体的な行動あるいは知識を解説することを目的とはしていない。各要素技術に関する詳細な知識は別途学習してほしい。

　しかし，各要素技術に関する参考書の多くは，実務と距離をおいた説明も多いため，ここでは各要素技術を安全運航達成のための実務に関係付けて述べた。とくに，経験の少ない海技者に見られる不十分な技能，行動特性に関する解説は，実務に直接に役立つものと考えている。

第Ⅱ部

ブリッジチームマネジメント

第1章　安全運航のための必要技術
第2章　安全運航の実現に関係する要因
第3章　ブリッジチームマネジメント概念の提案の経緯
第4章　ブリッジチームマネジメント

はじめに

　船舶を運航する技術は，人類の長い歴史のなかで極めて早期より発達してきた。その技術は人類の文化の発達過程に従って，しだいに蓄積され，高度化してきた。船舶運航技術の歴史を詳述する知識を著者は持ち合わせていないが，現代の船舶運航技術を学び，そして研究することにより，その全体像を把握することができた。現在，運航技術を教育する現場や IMO における STCW 条約の記述は，長い歴史に基づいた，関係する技術の集合体として船舶運航技術を捉えている。海技者に要求される安全運航に必要な技術の内容を明確化するためには，行使される技術の集合をその機能面から論理的に体系化する必要がある。

　現在の社会は多くの工学的知識の活用により人類の行為に貢献してきている。造船学や建築学など現在社会において貢献している技術体系は，それぞれの専門とする技術を達成するために複数の要素となる学問を体系として構成することによって成立している。造船技術者は造船に必要な各種の理論を学び，これを具体的な船舶建造に必要な技術として行使している。

　船舶運航の技術も複数の技術により構成されており，個々の技術は技術に関する理論により確立している。しかしながら，船舶運航技術は技術の行使が先行し，各技術の理論の確立は後手に回っている。このために**技術の集合体として取り扱うこととなり，技術の体系として整理されないまま現在に至っている**。技術の体系として整理されるということは，複数の技術が互いに独立したものとして整理され，さらにそれぞれの技術の相互の機能の関係を明確にすることである。そして各機能がシステムの目的達成に対してどのように貢献しているかを定義することである。これに対して技術の集合体として扱う場合は，つねに全体像でのみ取り扱われ，個々の技術について詳細な議論は進まなくなる。

　現代科学は対象を分析することで進展してきた。分析することにより関係する構成要素が明確になり，そして全体の目的達成のために各要素が果たす機能の意義と内容が明らかになるわけである。

〔第 II 部〕ブリッジチームマネジメント

　第 II 部は，以上に述べた観点から船舶運航技術，とくに BTM/BRM に関する技術を分析，解説したものである。BTM は Bridge Team Management，BRM は Bridge Resource Management の短縮表現である。各言葉の意味するところについては本文において解説する。ここでは，各言葉の意味するところが明確に理解されないまま，社会で都合よく利用されることがないように，科学的な分析により解説することを目的として，本書が執筆されたという点を指摘しておきたい。

　これまでに刊行されている航海術，運用術の解説書と異なる点は，ここに述べた科学的分析による技術の解説書であることである。本書で解説している概念の有効性は，多くの実務者に対する研修効果により明らかとなっていることも，申し添えておきたい。

　　なお，第 1 章ならびに第 2 章では安全運航の達成に必要な条件を述べる。その内容は第 I 部「船舶運航技術の解説」における内容と重複する部分もある。しかし，第 II 部から読み始める読者においても，Bridge Team Management の基本となる**安全運航の実現に必要な条件**を，まず理解していただく必要があるために，該当部分の概要を記載している。詳しい内容を理解するためには，第 I 部の第 1 章を読まれることを推奨する。

第1章

安全運航のための必要技術

　安全運航の実現に必要な技術については International Maritime Organization（以下，IMO と略記する）の International Convention on Standards of Training, Certification and Watchkeeping for Seafarers（以下，STCW 条約と略記する）に記述されている。STCW 条約には安全運航の実現に必要な基本的技術からチームで活動するときに必要な技術まで含まれている。ここで対象とする技術はチームで船舶運航を達成するための技術である Bridge Team Management である。Bridge Team Management の目指すところは船舶の安全運航にある。そこで，船舶の安全運航を実現するために必要な条件をはじめに考えることとする。

　現在，多くの船舶は無事故で安全な航海を実現しており，船上では安全な運航を実現するために各種の技術が実行されている。船舶はさまざまな局面に遭遇し，その都度，海技者はこれに対応するための判断行動を実行している。遭遇する局面と実行しなければならない技術は多種多様である。そこで，海技者が行っている1つ1つの行為を分析すると，そこで用いられている技術はいくつかに分類できることが解明されている。すなわち，安全な運航を実現するための技術は，その内容から互いに重複することのない，独立したいくつかの技術で構成される技術の集合体として考えることができる。安全運航の実現に必要な技術を分析するための研究が継続的に実施された。研究ではさまざまな運航局面を対象として，必要とされる技術を整理した。その結果，次の9項の技術に大別されることとなった。

① 航海計画を立案する技術（計画）
② 他の航行船や周辺の環境の状況を観測・推定する技術（見張り）
③ 本船の位置を推定する技術（船位推定）
④ 本船の運動を制御する技術（操縦）
⑤ 海上交通に関する航行規則を理解し，実行できる技術（法規遵守）
⑥ 本船の内部・外部と情報交換をする技術（情報交換）
⑦ 船橋に配置された機器類を有効活用する技術（機器取り扱い）
⑧ 異常な事態の発生を認識し，対処できる技術（異常事態対応）
⑨ 技術ならびに人的組織の機能活性に関する技術（管理）

　船舶運航に必要な技術を，その技術が果たす機能から整理する考え方は，すでに IMO においても提唱されたことがあった。これは Functional Approach と称されている。しかし，IMO の提唱後も，Functional Approach は考え方としては活用されてきたが，その具体的な中身については説明されることがなかった。ここに示す 9 項の要素技術は Functional Approach の考え方に沿った，船舶運航技術の整理に該当する船舶運航技術の体系である。
　表 II-1-1（表 I-2-2 を再掲）に示された技術の詳細な内容は**第Ⅰ部「船舶運航技術の解説」**に詳しく記載されているので，ここでは省略するが，第 1 項から第 7 項の技術は，単独当直における，通常の運航において必要とされる技術である。第 8 項は，通常の状態から逸脱した状況に対して，その異常な状況を発見し，通常の状態に修復するために必要な技術である。第 9 項の技術は，技術管理と人的な組織管理，そして船舶全体のシステム管理，貨物管理，資材管理，情報管理などに関する技術である。船舶の安全運航の観点からは，技術管理と人的な組織管理が主要な管理対象である。表では各要素技術の**定義**を示している。そしてさらに，各要素技術が果たす具体的な機能を**主な機能**としてあわせて示している。さらに，各要素技術を海技者が達成するとき，目的とする**機能の達成に影響を与える要因**を示している。詳細は第Ⅰ部において説明しているので参考にしてほしい。まずは，各項を注意深く理解することにより内容を把握できるであろう。
　管理にかかわる要素技術の 1 つは技術管理である。船舶運航に関する技術

[第1章] 安全運航のための必要技術　149

は，表の第1項から第8項の各要素技術が対象となる。技術管理は，これら8項の技術を，いつ，どのように実行するかを決定する機能である。この点から，管理に関する技術は他の8項の技術を管理する点で密接に関係することとなる。一方，第1項から第8項の各要素技術は互い機能的に重複することがなく，独立した技術として整理できる。これら9項の技術は船舶を安全に運航するための技術の全体を包括した体系と考えることができる。9項の要素技術の相互関係を示したものが図II-1-1（図I-2-2を再掲）である。図では，第1項から第8項の各要素技術は互いに独立であることから二重線で仕切られているが，管理と他の技術の関係は独立ではないので単線で示されている。

　ここで対象とする Bridge Team Management は第9項に分類される管理技術のなかの組織管理に該当する内容を議論することとなる。Bridge Team Management にかかわる機能と，Bridge Team Management を必要とする根拠が第II部の主題であり，第3章以降で詳しく述べる。

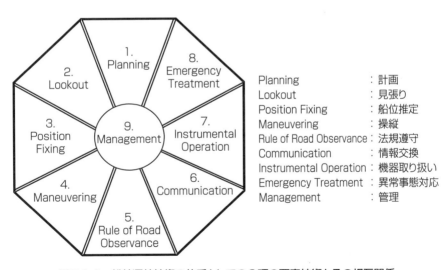

図II-1-1　船舶運航技術の体系としての9項の要素技術とその相互関係

表Ⅱ-1-1 9項の要素技術の定義，機能と機能達成に影響を与える要因

要素技術		内容
1. 計画	定義	航海環境の条件に関連する情報を収集し，航海計画を作成するとともに，計画を実行するための実施計画を作成する技術。
	主な機能	(1) 計画立案のための必要情報の項目を理解する (2) 情報の利用方法を理解する (3) 情報を実際の計画に反映する (4) 状況に応じた計画の変更を行う
	影響要因	(1) 交通規則や規定 (2) 航行に有効な情報の質と量（たとえば推薦航路の存在） (3) 入手可能な基本情報の質と量（気象・海象や地形や水域の情報，航海に関する情報） (4) 航行海域（大洋，沿岸，狭水道，航路，港内，河川） (5) 航海の目的（航路航行，投錨操船，着桟操船）
2. 見張り	定義	静止物標や移動物標を検出し，それを識別し，対象物の種類，距離，方位，移動速力と移動方向を推定し，将来の干渉状況を予測する技術。
	主な機能	(1) 現在状況を認識する（対象船の種類，運動（位置，針路，速力）） (2) 将来状況を予測する（対象船の運動（将来位置，針路，速力）とその変化，本船との干渉の発生状況の推定（CPA，TCPA，船首あるいは船尾からの航過距離））
	影響要因	(1) 航海機器（Compass，RADAR/ARPA，AIS，VTIS） (2) 視程 (3) 航行船の交通量と交通流特性 (4) 航行条件（航路の設定，交通法規）
3. 船位推定	定義	目視や航海機器により最適な目標物を選択して，本船の位置を推定する技術。船位を推定する技術に加えて，本船の運動に影響する要因とその大きさを推定する技術も含まれる。
	主な機能	(1) 船位推定のための情報収集の方法を選択する（測定機器の選択，船位推定のための目標物の選択） (2) 船位を推定する（要求精度，頻度の実現） (3) 本船の運動状態を推定する（運動方向，運動速度，回頭角速度，風や潮流の推定）
	影響要因	(1) 船位推定のために利用できる機器の種類（Compass，RADAR，GPS，Echo sounder） (2) 航海環境の条件（航行海域，測位利用可能物標） (3) 視程 (4) 外乱要素（風や潮流，電波伝搬状況）

(表Ⅱ-1-1の続き)

要素技術		内容
4. 操縦	定義	舵の操作や主機などの制御により，本船の針路，速力，位置を制御する技術。
	主な機能	(1) 運動を計測する (2) 操作機器を選択・決定する（舵，主機，Side thruster，Tug boat，Anchor，Mooring line など） (3) 操作量を決定する（操作対象の機器が単一の場合と，複数の機器を同時に操作する場合がある）
	影響要因	(1) 操縦目的（針路保持，船位制御，速度制御，着桟操船など） (2) 利用可能な制御手段（舵，主機，Side thruster，Tug boat，Anchor，Mooring line など） (3) 外力（風，潮流，水深，複数船舶間の干渉，岸壁からの干渉）
5. 法規遵守	定義	国際海上衝突予防法，海上交通安全法，港則法などの規則に基づき航行する技術。
	主な機能	(1) 法規・規則を理解する (2) 法規・規則を現実の航行に反映し，実践する
	影響要因	(1) 法規・規則の種類 (2) 他の航行船の状態 (3) 法規・規則が適用される条件（海域，気象・海象，船種，船体要目）
6. 情報交換	定義	VHF無線電話などの通信手段を用いて船内，船外と情報交換をする技術。
	主な機能	(1) 情報交換の方法を選択する (2) 情報交換の内容を作成する (3) 情報交換の時期を選択する (4) 情報交換のための言語を活用する
	影響要因	(1) 情報交換の相手（海上交通センター，他の船舶，船橋内や本船内） (2) 情報交換を行う状況（緊急時，標準的情報交換） (3) 情報交換の手段（発光信号，旗りゅう信号，VHF など）
7. 機器取り扱い	定義	見張り，船位推定，操縦などの技術を達成するために機器を有効に活用する技術。
	主な機能	(1) 利用できる機器を認識する (2) 必要な情報を得るための機器の利用方法を理解する (3) 機器の提供する情報の特質を理解する (4) 提供される情報の活用方法を理解する
	影響要因	(1) 利用可能な機器の種類 (2) 機器より得られる情報の利用目的

(表Ⅱ-1-1の続き)

要素技術		内容
8. 異常事態対応	定義	主機，操舵装置などの船内機器の異常事態や本船を取り巻く環境状況の異常事態の発生を認識し，故障への対処や異常事態に対応する各種の必要行動をとる技術。
	主な機能	（1）異常発生箇所を認識する （2）異常や故障を修復する （3）異常や故障の発生に対して関連して行うべき事項を達成する （4）航行船の異常行動を認識し，対処する （5）気象・海象の異常を認知し，対処する
	影響要因	（1）異常事態の内容（船体，貨物，機関，操舵システム，航海機器，荷役システムなど） （2）周辺航行船舶の異常事態発生 （3）気象・海象の異常
9. 管理	定義	上に示した8項の要素技術を組み合わせて安全運航に対処する「技術管理」と，チームメンバーの技能を最大限に活用してチームの機能を高める「組織管理」の技術。
	主な機能	（1）管理の対象を理解する（Bridge Team Management，技術管理） （2）管理の方法を理解する （3）管理技術として実行すべき内容を実行する （4）機能を評価する （5）組織管理に関しては組織員の技能を評価する
	影響要因	（1）管理の対象 （2）組織管理に関しては組織員の技能

重要事項：安全運航に必要な技術

安全運航に必要な技術は次のとおり整理される。
① 安全運航を達成するためには，9項の要素技術を確実に達成する必要がある。
② 各要素技術には，それぞれ達成すべき機能がある。
③ 技術を達成する能力を示す技能は，機能達成において，環境条件の要因により影響を受ける。

第2章

安全運航の実現に関係する要因

　船舶の運航において，安全な状況を維持できるか否かは多くの要素により決定する。本章では海技者を独立した1つの要素として取り扱い，その他の要素はすべて，海技者を取り巻く環境要因として取り扱うこととする。2.1節では，この環境要因を取り上げ，考える。続いて2.2節では，その行動が船舶運航の安全に大きく関係する海技者を検討の対象とする。

2.1　航行環境の困難度

　船舶安全運航を実現するためには9項に分類される技能が必要であることを前章で指摘した。さまざまな局面において必要となる技術は，その都度抽出され，実行される。いま，9項の要素技術のなかの船位推定について考えてみる。船位推定は広い意味で地形条件に対する本船の船位の推定行為と考えることができる。船位推定技術は船位推定を実行するために必要な技術といえる。必要となる船位推定の精度や頻度は航行状態により異なってくる。このことから，技術の達成に対する要求のレベルには差異があることがわかる。船位推定における要求技術のレベルを決定する要素の1つには推定精度が関係している。大洋中を航行しているときは3マイル程度の誤差は容認できるものであるが，沿岸から狭水域に進入するに従い容認できる誤差の量は極めて小さくなる。**航行海域の地形条件が，誤差の小さい，精度の高い船位推定技能を要求することとなる。**このように，航行環境が安全運航に必要な技能のレベルを決定すると考えられる。

　図II-2-1（図I-1-1を再掲）は横軸に航行の困難度を示している。そして航行

図Ⅱ-2-1　航海環境の航行困難度

の困難度は航行環境が要求する技能レベルに相当している。すなわち，困難度が大きな状況では，高いレベルの技能によってのみ，必要な機能が実行されることとなる。困難度の低い大洋中の航行状況では船位推定の精度への要求も低く，必要とされる技能も低い。逆に，狭水域では，高い技能により高精度の船位推定が要求される。図において，横軸上の点が原点から離れ，右方にいくほど，高い精度の船位推定を要求する航行環境であることを示している。したがって，a点で示される環境はb点に比較して航行困難度が高い。環境の困難度が高くなると，安全を担保するためにはより高い技術の行使が要求されることとなる。この点から，環境の困難度は，その状況において安全を維持するための技能レベルに該当する。

そこで，横軸で示される環境が要求する技能を決定する要因について考えてみる。環境が要求する技能は，航行の困難度ともいえるので，困難度を決定する要因を考えることとなる。要因としては次の各項が挙げられる。

① 本船の操縦性能

　　操縦する本船の大きさや旋回半径の大小，停止距離などは，とくに狭い海域や海上交通の混雑する海域では，操縦の困難度に直結する要因である。

② 航行する地形・水域の条件

　　航行する海域の広さや形状は本船の運動制御の負担度に影響を与える要因である。とくに近年は当然となった大型船の運航においては，水路の条件が航行の困難度の大きな要因となっている。

③ 気象・海象条件

　　霧や降雨，降雪による視程の制限は安全運航の基本である目視による見張り業務に支障を与え，海技者が安全を確保するための困難度を高めるものである。また，狭水域における海流や大きな波浪は安全運航の維

持に対して困難度を大きく増加する要因となる。
④ 海上交通の条件（航行船舶の種類と数）

　限られた海域内を多くの船舶が航行することは，見張り作業の困難度を増大させる要因である。さらに，複雑な行き合い関係は衝突の危険性を増大し，航行の困難度を増加する要因となる。

⑤ 交通規則

　本来自由な航行が許されてきた海上交通において，船舶数の増大や船舶の大型化により，安全確保のために交通規則が施行された。その目的は規則性のない船舶交通流に規則性を持たせ，一定のルールのもとに航行することにより，安全性を高めることにある。航行海域の状況に見合った規則は，安全度を高めるとともに，航行の困難度を下げることに寄与する。

⑥ 搭載された操船支援システム

　RADAR/ARPA，ECDIS，AIS など，種々の航海計器が船橋に搭載されてきている。これらの機器は海技者の負担を軽減し，安全運航の実現に寄与することを目的としている。したがって，これらの支援システムの機能は船舶運航の機能の達成に関する負担を軽減し，困難度を軽減する働きをする。

⑦ 陸上からの航行支援体制

　特定の海域では陸上から航行船の情報，航行予定海域の気象や操業漁船の情報などを入手することができる。これらの情報は将来の不確定な状況を推定するために有効であり，航行の困難度を軽減する働きをする。

　図 II-2-1 において，a 点で示される環境は b 点に比べて航行困難度の高い，すなわち高い技能を要求する環境を示し，b 点で示される環境は a 点に比べて低い技能でも航行の安全が維持できる環境を示していた。一方，航行する環境は，同一海域においても条件はつねに一定ではない。たとえば，平均的な航行船舶数に対して，ある時は船舶数が増加することもある。また，濃霧の発生により視界が制限されることもある。安全運航を維持するために，平均的な環境

条件のときはbの技能を必要とする海域も，環境条件の変化により，時には平均以上の技能を要求することとなる。このような環境条件の変化を発生確率の概念で示すことができる。図II-2-2（図I-1-2を再掲）の縦軸は状況の変化が発生する確率を示している。a，bを平均的な条件とするとき，状況の変化が発生する確率はa，bを中心とする確率分布曲線として模擬的に図示されている。前述の環境の困難度を決定する項目のうち，航行の条件を頻繁に変化させる要因について考える必要がある。状況が一日のうちに変化しうる項目は頻繁に変化する項目と考えてよいであろう。この基準から判断すると，前述の①，②，⑤，⑥，⑦項は通常，一定の条件として扱うことができる。しかし，③，④項はつねに変化しうる条件であるから，これらの状況変化の影響により，環境が要求する技能レベルは変化することとなる。

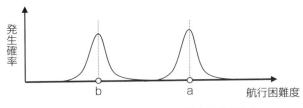

図II-2-2　航海環境の航行困難度と発生確率

2.2　海技者の船舶運航技能

　安全な航行を実現できるか否かを考えるとき，環境の困難度とともに海技者の技能を重要な要因として取り上げる必要がある。経験の少ない海技者にとっては難しい状況でも，経験豊かな高い技能を有する海技者は困難を感じずに，安全な航行を実現する場合も多い。すなわち，航行の安全性は環境が要求する技能を海技者の技能が満足するか否かの問題と考えることができる。

　図 II-2-3 の横軸は海技者の発揮できる技能を示している。右方にいくほど高い技能を有していることとなる。a，b の 2 人の海技者の平均的な技能をそれぞれ μ_H，μ_H' で示している。b の技能は a よりも高いこととなる。

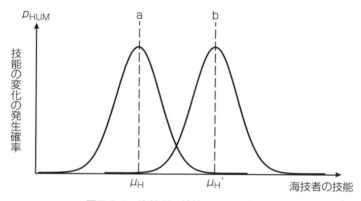

図 II-2-3　海技者の技能とその発生確率

　海技者が実行する技能を決定する要因について考えよう。種々の要因があるが，主に次の各項により技能は変化すると考えられる。

① 海技者が保有する海技資格のランク
② 海上での航海実歴の長短
③ 疲労の度合い（勤務時間の長さや立直の経過時間が関係する）
④ 緊張の度合い（航海環境の状況，海技者の集中などが関係する）

　図の縦軸は海技者の実行できる技能の発生確率を示している。同一の海技資

格を有し，同様な経験を経た海技者は，平均的には同等の技能を示すと考えられる。この平均的技能が μ_H, μ'_H の値として示されることとなる。一方，海技者1人1人の技能を比較すると，同一の資格と同一の乗船経験を持つ海技者でも，つねに同一の技能を示すわけではなく，個人により発揮する技能には差異があると考えるのが一般的であろう。この点から，各海技者の有する技能は一定ではなく，全体としての技能はある範囲内に分布していると考えることができる。

　また，1人の海技者に注目した場合でも，上述の③，④項の影響，すなわち疲労や緊張によって技能は変化すると考えられる。個人の発揮する技能の変化は，その人間の思考活動の活性度の変化と考えることができる。このような技能の平均値に対する，変動する技能の発生確率を縦軸にとり，図II-2-3はその変動する確率を模擬的に示している。

2.3 安全運航の成立条件

2.1 節においては，船舶が航行する海域の環境条件により，その海域を安全に航行するために要求される技能が決定されることを示した。そして，環境が要求する技能に対する海技者の技能は，海技者毎に決定されることを示した。重要な点は，船舶運航の安全性を推定するためには，両者の大小関係を議論する必要があることである。図Ⅱ-2-4（図Ⅰ-1-8を再掲）は両者の関係を示したものである。横軸に環境が要求する技能をとり，縦軸は海技者が実行する技能を示している。図中の 45 度の傾きを持つ直線上の点は，両者の値が同一である状態を示している。すなわち，この直線上の状態を確保していれば，**環境が要求する技能を海技者の技能で実行できる**ことになり，安全な船舶運航が実現できる。この直線より上の領域は，環境が要求する技能以上の技能を，海技者が実行できる状態であり，やはり安全な運航が実現される。反対に，この直線より下の領域は，環境が要求する技能レベルを海技者が実行できない状況を意味し，危険な運航状況であることを示している。このことから，**45 度の傾きを持つ直線は，安全な状況と危険な状況の境界を示す，限界線**と考えられる。

図Ⅱ-2-4 の環境が要求する技能と海技者が実行できる技能について，2.1，2.2 節で述べた状態の変動を加えて議論した関係が図Ⅱ-2-5（図Ⅰ-1-9を再掲）である。

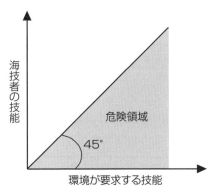

図Ⅱ-2-4　航海環境の要求する技能と海技者の技能の関係による安全運航の成立条件

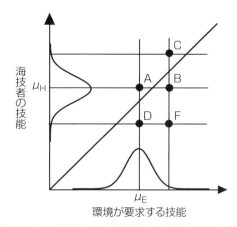

図Ⅱ-2-5　環境の変化と海技者の技能変動に伴う船舶運航の安全度の変化

　図において，海技者の技能と環境が要求する技能が平均的な状態であるときが状況Aとして示される。A点は安全な運航を実現できる45度の限界線より上部にあるので，この状況では安全な運航が実現できることとなる。これに対して，環境の状況が悪化し，環境により要求される技能レベルが高くなった状況がBとして表現される。海技者が実行できる技能を平均的技能とすると，要求される技能よりも低く，限界線の下の状況となり，危険な状況へ変化したことを示している。この事態に対して，海技者が高い集中状態を発揮し，高度な処理が実行できるようになると，状況はCへ移行する。45度の限界線より上の状況となり，再び安全な運航が達成できる。一方，環境は平均的な状態であるにもかかわらず，疲労などの影響で海技者の緊張感が欠如すると，状況Dへと移行する。45度の限界線より低い状況となり，安全な運航は実現できない。海技者の緊張感が欠如するとともに環境条件が悪化した場合は，より危険な状況となる。この状況はFの点として表現できる。45度の限界線からの垂直距離が下方に離れるほど，より危険な状況であることを示し，上方へ離れるほど，より安全な状況であることを示している。

2.4　安全運航状態を実現するためのブリッジチームの位置付け

　船舶運航の安全を実現する条件は，環境条件と海技者の能力の関係から推定できることを前節で示した。近年，運航の安全を確保するためには，複数の海技者が運航に従事する Bridge Team が有効に機能する必要があることが大きく取り上げられている。そして，Bridge Team が有効に機能するためには Bridge Team Management や Bridge Resource Management が有効に機能しなければならないと指摘されている。そこで，安全性の確保の観点から，Bridge Team 活動について考えることとする。

　Bridge Team を形成する目的は運航の安全性を確保することであり，Bridge Team による安全性向上の根拠も環境条件と運航技能の関係から説明することができる。図 II-2-6 にそれを示す。

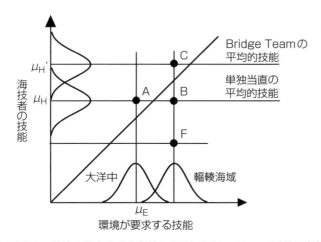

図Ⅱ-2-6　運航の安全の成立条件から見た Bridge Team 活動の意義

　図において，A は大洋上を単独当直により航行している状況を示している。A で示される縦軸の値は単独の海技者が示す平均的技能レベル（μ_H）を示している。また，横軸の状況は，航行海域の制限や遭遇する船舶の数が少ない大洋

航行中での環境状態を示している。したがって，大洋航行中の困難度レベルに対応する技能レベルが要求されることになる。Aの状況は，海技者の能力が，環境が要求する技能を上回っているので，単一の海技者においても安全を確保して船舶運航が実現できることとなる。

　続いて，本船が船舶の集中する狭水域へ進行した場合を考えてみる。環境が要求する技能レベルは上昇し，状況はAからBへ移ることとなる。これにより，45度の限界線よりも下の状態となり，もはや安全な運航を確保しえない。このような場合，船長は船舶運航を複数の海技者により実行するBridge Teamの編成を指示することとなる。図中，Cで示される縦軸の値（μ'_H）は，Bridge Teamが実行できる平均的な技能レベルを示している。Bridge Teamにより高い技能を実現できることになり，状況はBからCへ移り，45度の限界線より上となり，安全な運航が実現できることとなる。この状態の変化を与えることがBridge Team活動を採用する根拠となる。

　しかし，Bridge Teamによる運航状態で発生した海難事故を分析した結果，Bridge Teamが有効に機能していないことに原因があると指摘されることがしばしば発生した。その具体的な内容については後述するが，結論として，本来Bridge Teamに期待される技能レベル μ'_H が実現されていなかったということである。すなわち，Bridge Teamによる運航状況ではあったが，Bridge Teamの実行する技能はCより下の状況に低下していたということである。分析によると，事故当時のBridge Teamの機能が単独当直の技能レベル以下の状態であったと推測される例もしばしば見られる。これは図においてFで示される状況である。Bridge Team Managementの目的は，Bridge Teamの技能を，期待される μ'_H のレベルに維持し，Cの状態を保つことである。そのために，どのような対処が必要であるか。この命題が"Bridge Team Management"の本題となる。次章以降で詳細に述べていく。

重要事項：安全運航の実現の必要条件と Bridge Team

① 安全運航の実現には，海技者が実行できる技能と，環境が要求する技能が関係する。
② 船舶運航の安全を確保するためには，海技者が実行できる技能が環境が要求する技能以上でなければならない。
③ Bridge Team は，単独の海技者の技能では安全が確保できないときに組織される。
④ Bridge Team を組織する目的は，チームメンバー全員により，チームとしての高い技能を実行することにある。

第3章

ブリッジチームマネジメント概念の提案の経緯

　本章では，Bridge Team Management（以下，BTM と言う）の概念の内容を説明するとともに，BTM の概念が船舶の安全運航に必要であると認識された背景を紹介する。

3.1　BRM と BTM の定義

　船舶の指揮所である船橋内における運航機能を維持・向上することを目的とする管理活動は，当初 Bridge Resource Management（以下，BRM と言う）と称されていた。一方，近年では BTM が同様な概念で使用されるに至っている。そこで本節では，BRM と BTM の定義がどのように国際会議において合意されているかを説明する。

　IMO（International Maritime Organization）により制定された STCW 条約（The International Convention on Standards of Training, Certification and Watchkeeping for Seafarers）においては，BTM と BRM について明確に定義されていない。

　本来，BRM と BTM はどちらも，目標は船橋内における運航機能を維持・向上することである。しかし，船橋における運航機能を複数の海技者により達成することを目的として，Bridge Team を組織したにもかかわらず，チーム活動における安全運航に必要な機能が欠如することにより海難事故が発生する事例が多い。このような海難事故の原因を見ると，チーム構成員が必要な機能を達

成していない場合がある。すなわち，人による機能達成の不足が海難事故の原因となっていることがわかる。本来，運航機能の維持・向上のためには人的資源と物的資源の有効活用が必要である。しかし，事故の原因は人的資源の機能達成の不完全さにあると判断されることが多い。この点からも，BRM と BTM はともに船橋内の人的資源の機能確保と機能向上を目標とすることとなっている。このような観点から BRM と BTM を比較することにより，両者の表現上の相違点が明らかとなる。

　BRM は船橋内に配置された**人的資源の機能の維持と向上を目指す**ものであり，用意された人的資源の機能の維持と向上の指揮・管理を行う人間の姿勢・行動が重要となる。人的資源を管理する主体は全体の管理者ということになる。このために，BRM を修得し，人的資源の機能の維持と向上をすべき役割はチームリーダーにあり，多くの場合，船長が担うべき役割となる。

　一方，船橋内の人的資源，すなわち海技者全員の機能の維持と向上を達成することは船長のみの責任で可能となるものではない。船橋内の海技者 1 人 1 人がその期待される機能を達成することが必要となる。単独当直とは異なる形態，すなわち複数の海技者がチームを形成して安全な船舶運航を共通の目的として活動することが必要となる。BTM はチーム活動を行うときの**各チーム構成員が，その機能の維持・向上を目指す**こととなる。これにより，BTM はチームとしての行動の在り方を端的に表現していると解釈すべきである。すなわち，**船橋内の海技者の機能の維持と向上を達成することは船長のみの機能でなされるものではなく，チーム構成員全員の参加が必要となる**。当然，チーム構成員の 1 人でもある全体の管理者（多くの場合，船長）の立場から見たときは，船橋内に配置された人的資源の機能の維持と活用を目指すこととなるので，BRM の概念が対応する。一方，チーム構成員はチームの機能を向上させるために自分が達成すべき機能を認識し，実行することが必要となる。すなわち，BTM の概念を知る必要がある。

　BTM はチーム構成員すべてを対象とすることから，管理者すなわち船長も包含されることとなる。したがって，船長の行うべき BRM は，チーム管理者として達成すべき機能とともに，チームの一員として BTM を達成することが必要となる。このことから，BRM は BTM の一要素と考えることが妥当と

なる。

図 II-3-1 は集合論でしばしば用いられるベン図により，BTM と BRM の相互関係を表している。BRM は BTM の一部として含まれるチームリーダーに特化した Management の機能として位置づけられる。

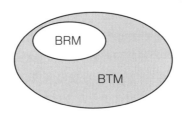

図II-3-1　BTMとBRMの相互関係

以上の議論より，BTM 訓練なしに BRM 訓練はありえないこととなる。チームリーダーがチームの活動を維持・活性化するためには，チームが存在し，その構成員であるチームメンバーが存在する。そしてチームとして機能的に活動するためには，チームメンバー 1 人 1 人が実行しなければならない機能，すなわち BTM がある。チームリーダーもチームメンバーの 1 人であることから，当然，BTM を実践する必要がある。すなわち，チームリーダーは BRM を学ぶとともに，BTM も修得する必要がある。

3.2 航空機におけるチームマネジメント概念の導入

　現在，チームで活動するすべての職場において，チーム活動の不完全さに起因する事故の発生をなくすことの重要性が指摘されている。そこで，チームメンバーがどのように行動すべきかが検討の対象となっている。そして，その対象として Team Management が取り上げられることとなった。

　船舶における Team Management の必要性は，通常の運航時に指摘されることは少ない。これは，通常の運航時においては，安全運航のために必要な機能は比較的限られた範囲であり，限られた数の構成員が一定の機能を発揮すれば，安全な運航が実現でき，特別にチーム全体が必要な機能を実行しているか否かを問う必要がないためである。これに対して，通常とは異なり，多くの仕事を処理する必要がある状態において，Team Management の必要性が発生することとなる。とくに異常な状態のときは，多くの処理すべき仕事が発生するとともに，これらの仕事を短時間に的確に実行する必要がある。そのときに必要な仕事を実行しないと，事故に直結することとなる。したがって，チーム構成員全員が確実に要求される機能を実施する必要がある。すなわちチーム機能の達成の如何が問われることとなる。**必要な仕事を**的確に行うとは，発生した事態に対してなすべき仕事の項目と内容がすべて実行されることである。さらに**的確に行う**ということが意味する内容はこれだけではない。的確とは，実施される仕事が**発生した事態に対して，有効に作用する**ことである。そのためには**それぞれ実施される仕事の順序，各仕事の連携が妥当であり，目的とする効果を発揮する**必要がある。

　BTM が不十分な状況はしばしば発生しているが，気づかれていない場合が多い。BTM が不十分であると指摘されるのは，通常から逸脱した状態におけるチーム機能の不十分さが顕在化し，事故に至る場合などである。

　以下にその事例を紹介する。はじめに紹介するのはチーム活動の重要性を航空機の分野で提起する始まりとなった事故である。事故は 1977 年 3 月 27 日 17 時 6 分（現地時間），スペイン領カナリア諸島のテネリフェ空港で起きた。カナリア諸島の国際空港はラ・スパルマスにあるが，事故当時，過激派からラ・スパルマス空港に爆弾を仕掛けたという警告がなされた。このため，通

[第3章] ブリッジチームマネジメント概念の提案の経緯　169

常は同空港を利用する多くの航空機が近隣のテネリフェ空港を利用することとなった。当時のテネリフェ空港の状況を図 II-3-2 に示す。

　テネリフェ空港は図のように滑走路 1 本の小規模な空港である。地上の航空機を監視する地上管制レーダはなかった。事故は，滑走路上にいる PAA 機に，離陸態勢に入った KLM 機が衝突し，KLM 機に搭乗していた人すべてが死亡し，PAA 機では多くの人が死亡あるいは負傷した大事故であった。事故当時の視程は 300 m であり，滑走路端にいる KLM 機から PAA 機を視認することは困難であった。

　事故の直接原因の 1 つとして管制官の行動が挙げられている。第一に，地方空港の管制官としては，事故当時の状況のように多くの航空機を管制することに不慣れであったことが指摘される。また，サッカーの国際試合が開催されており，その実況放送が行われていた。管制状況を記録したボイスレコーダには，管制指令をする管制官の会話とともに，この実況放送が記録されていた。管制官はサッカーの実況放送を聞きながら空港内管制を行っていたこととなる。管制官の不慣れな上に緊張感の欠如した行動は，後述する事故の直接原因を誘起することとなった。また，管制官が行った航空機との交信内容にも問題があったと判断されている。

　次に各航空機の行動について，事故発生との関係を述べる。PAA 機は KLM 機と同様に一時的にテネリフェ空港に着陸して，離陸の順番を待っていた。KLM 機が離陸の準備として滑走路の端部に達したとき，滑走路を開けるように管制官から指示があり，誘導路を経て離陸地点へ向かう途中であった。通常，どの誘導路を通るかは，管制側から誘導路の C-1 あるいは C-2 のように明確に指定されるものである。しかし，管制官は当時、単に"Third"とのみ指定している。不十分な管制指令である。この指示を受けたとき PAA 機はすでに C-1 を過ぎた滑走路上にいたので，3 番目の誘導路に当たる C-4 の誘導路へ進んだと推測されている。また，図に示すとおり，誘導路 C-1 は 90 度，誘導路 C-2，C-3 は 135 度の進路変更を必要とする。PAA 機のような大型機が狭い滑走路から急旋回を要する誘導路へ進行することは困難であり，もし行えば，誘導路から脱輪してしまうことになる。このような事情からも，PAA 機は進路変更角度 45 度の C-4 へ向かったものと判断されている。

170 〔第Ⅱ部〕ブリッジチームマネジメント

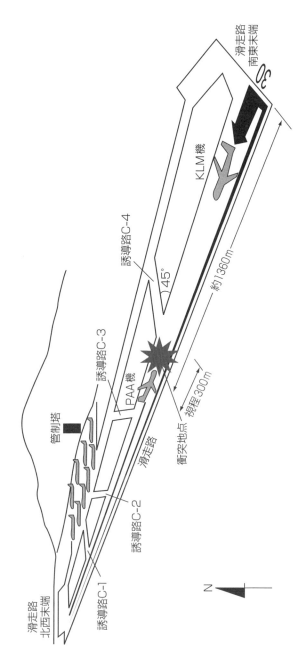

図Ⅱ-3-2 PAAとKLMの航空機が衝突事故を起こした当時のテネリフェ空港の状況
(「TIME」誌掲載のDon Mackayの図を基に作成)

一方，KLM機の操縦席には，パイロットと副操縦士，そして機関士が乗務していた。パイロットは事故の直前までKLMの社内訓練機関の教官をしていたベテランであり，副操縦士はまだ若年のパイロットであった。KLM機は誘導路を経て，滑走路端に到着し，180度旋回して離陸の用意をすることとなる。事故原因分析では，大型機が狭い滑走路上で180度の旋回を行うことはパイロットにとって精神的に大きな負担だったであろうと指摘している。さらにパイロットの精神的負担を強いる状況が社内規則の変更によって起きていた。この事故の直前にKLMの社内規則が次のように変更されている。従来，搭乗員の残業はすべて会社が補償していたが，変更により一定時間以上の残業は機長の責任となった。事故当時，すでにテネリフェ空港で多くの時間を経過していた。このために機長は一刻も早い出発を期待していたと推察される。また，急激な視界の低下が進み，離陸ができなくなり，テネリフェ空港にとどまる危険性を考えていたものと推察されている。

次に，事故に直接関係する要因について述べる。通常は，滑走路端に達したKLM機は管制官へ"We are ready for take-off"（離陸準備完了）と報告し，次の離陸許可を待つこととなる。しかし，レコーダの記録によると，機長が行った報告は"We are at take-off"（離陸に向けている）であった。これを管制官は"We are now take-off position"（現在，離陸地点にいる）と解釈したと報告している。そこで，管制官は簡単に"OK"と応答してしまった。管制官の交信用語として"OK"という用語は，認められていない不適切な表現である。この応答を受けてKLM機は離陸許可を受けたと解釈し，離陸走行を開始することとなる。管制官の不適切な応答はKLM機の機長が誤った行動をとる一因となった。レコーダの記録によると，このときPAA機と管制官との交信を傍受していた機関士は機長に，PAA機が滑走路上にいる可能性を伝えている。これに対して，機長は離陸には問題がないと断定している記録が残されている。機長のこの発言に対して，機関士，副操縦士はそれ以上の進言を止め，離陸走行が継続されることとなる。乗組員の進言を機長が真剣に受け止めなかったこと，そして機長への進言が続けられなかった背景には，ベテランの機長と他の乗組員との間の地位的な条件があったと考えられている。KLM機は離陸のための走行を継続した。そして操縦席からPAA機の姿が見えたときには走行を

取りやめる時期をすでに過ぎてしまっていた。急遽，離陸操作を行ったが，十分な速度でないために十分な上昇ができず，すでに間近に接近していたために衝突へと至ってしまった。

最終段階の直接原因を分析すると以下の点が指摘される。

① 管制官と KLM 機の間の不十分な連絡
② 管制官の行った不適切な連絡に対する機長の憶測と誤った判断
③ KLM 機内における機長の断定的な行動
④ KLM 機内における副操縦士，機関士の不十分な補佐活動

以上の事故の原因分析によれば，種々の外部要因がある状況ではあったが，KLM 機内において，2 名の操縦者が互いに正しく状況を判断し，必要な確認作業を行うなどの必要機能を達成していれば，この事故は発生しなかったと推察された。この事故を契機に Cockpit 内におけるチーム活動の重要性が指摘されることとなった。Cockpit 内でのチーム活動を見直し，その機能が活性化するための訓練が実施された。通常，Cockpit Resource Management あるいは Crew Resource Management といわれる考え方である。

3.3 船舶におけるチームマネジメント概念の導入

次に，海難事故の原因分析を行うことによって，船舶運航におけるチーム活動の要件について考えることとする。

分析の対象は世界的に有名な客船 Queen Elizabeth II（以下，QE II と言う）が起こした座礁事故である。QE II は 1992 年 8 月，アメリカ東海岸ロードアイランドの東約 50 km，Buzzard's Bay（バザーズ湾）の南側，Vineyard Sound（バインヤード・サウンド）で座礁事故を起こした。アメリカ合衆国のコーストガードが作成した事故報告書の内容を以下に示す。

報告書の末尾に，コーストガードの記入事項を含む海図（図 II-3-3）が掲載されている。参照しながら報告書を読み進めることにより，事故内容の理解が容易になると思われる。

Queen Elizabeth II 座礁事故に関する事故報告
1992 年 8 月 7 日　Vineyard Sound

1992 年 8 月 7 日の夕刻，Royal Mail Ship 社の Queen Elizabeth II は Vineyard Sound において座礁した。Oak Bluffs から New York へ向けて出港する途中であった。

QE II は Cuttyhunk 島の南，約 2.5 マイル地点で座礁した。視界良好，海は静穏であった。

潮汐は引き潮であった。QE II には 1824 人の乗客と 1003 人の乗り組み員が乗船していた。

QE II は全長 963 フィート，船幅 105 フィートであった。事故当時の喫水は船首が 32 フィート 4 インチ，船尾 31 フィート 4 インチであった。2 軸の推進器は可変ピッチプロペラである。推進装置は 13 万馬力のディーゼル電気推進器である。航海速力 32 ノットであるが，通常の大西洋横断速力は 28.5 ノットである。

QE II は Vineyard Sound を通過する最大・最速で，最も喫水の深い船舶である。船長とパイロットに加えて，通常の 8 時–12 時の当直員が船橋に配置され

た．すなわち，一等航海士，二等航海士，Quatermaster，操舵手であり，操舵手はパイロットから直接指示されて操舵を行っていた．船橋乗組員とパイロットの間に言語上の問題はなかった．

2台のレーダは稼動状態であった．前方のレーダは船長とパイロットが使用可能であり，後方のレーダは二等航海士が船位推定のために使用していた．3台のうち2台の音響測深機が稼動していた．稼動していない1台は操舵室にあり，稼動している2台は記録機とともに操舵室の後ろの海図室にあった．

〔時間経過に従った記録〕

Oak Bluffs は，New York を8月3日に出港後，Maine 州の Bar Harbor そして New Brunswick の St. John，Nova Scotia の Halifax を経由するこのクルーズの最終の寄港地であった．QE II は8月6日 0800 に Halifax を出港し，Cape Cod の南，Nantucker Shoals の東，そして Marthas Vineyard の南を通過した．

1145　QE II はパイロットボートと会合するために Gay Head の西5マイルに到着した．

1150　パイロットが Vineyard Sound から Oak Bluffs へ向かうために QE II に乗船した．本来のパイロットボートとの会合地点は Buzzards Bay Light の西4マイル，Cuttyhunk の西方である．天候が良かったことと，船長は Sow and Pigs Reef の南の浅瀬域を避けることを望むことから，この乗船地点を要求し，パイロットも受け入れた．パイロットが QE II の船橋に着いたとき，船長はパイロットが前年 Newport で本船を操船したことに気付いた．パイロットはすでに本船の操縦特性を熟知していた．パイロットはパイロットカードを受け取り，喫水と船の状態そして主機ならびにバウスラスタとレーダが機能しているかを尋ねた．船長は，パイロットにその晩の出港時にどこで下船するかを尋ねたのが，パイロットが乗船したときだったかあるいは錨泊地点へ向かっているときだったかを覚えていなかった．船長はパイロットが下船地点は大体 Buzzards Bay Light と Brenton Reef Tower の中間地点であると海図上で示したと述べている．

QE II は Vineyard Sound へと進行していった。

1330　QE II は Oak Bluffs 沖の予定の地点に投錨した。旅客たちは船に搭載されている小型ボート複数隻により上陸した。

パイロットは QE II の船上に残り，Lido Deck で昼食をとり，その後，読書をしたり船内を散策したりして，くつろいだ時間を過ごした。

2000　New York に 8 月 8 日 0700 に到着するためには Oak Bluffs を出港しなければならない予定時刻である。

2050　旅客の帰船時刻の遅れにより，Oak Bluffs の出港時刻が 50 分遅れた 2050 となった。船長が指揮をして，主機とバウスラスタを使用して出港の針路へ船首を向けた。その後，指揮をパイロットに渡した。パイロットは抜錨後，次のことをしたと証言している。「次の点について少し話した。すなわち，パイロットステーションへの到着時刻，船速がよければの場合。そして，その後の針路は自明であった。そして，我々は入港してきた水路へと向かった」。

船長は次のように述べている。「航海士が Vineyard Sound からの計画経路を作成し，これを船長が了解した」。船長はパイロットの計画として，NA ブイで変針し，Brown's Ledge Shoal の北を通過し，パイロット下船地点へ向かうことに気付かなかった。

QE II は，小型船やフェリーボートで混雑していたので，Slow Speed で航行した。QE II は 2 機の操舵ポンプによるマニュアル操舵であった。船位は二等航海士により 6 分毎に計測された。

2115　QE II は West Chop を回り，26 番ブイを右舷に見て，237 度に進行した。パイロットはジャイロコンパスの誤差がないこと，そして針路を調整することを再確認した。

航海士は船長に了承された海図上の計画経路があったので，パイロットへ報告した。これに対して，パイロットは次のように指示した。「私には Vineyard Sound を抜ける私の実行法がある」。さらにパイロットは「私は私が通常行う出港経路について，航海士や海図上に航海士が書いた計画について相談するつもりはない」と言った。

2124	船速を 24 ノットへ上げるように船長は要求した。New York に予定どおりに到着するためには平均 25 ノットが必要であった。そして，船長は後で高い船速にする必要がないようになるべく早い時点での増速を望んだ。
2142	海図を交換した。今度の海図には Sow and Pigs Reef 周辺の浅瀬が目立つようにはされていなかった。それまで使用していた海図上にはされていたが。
2144	QE II は針路 235 度で NA ブイを通過した。ブイを正横で航過し，針路を 250 度とした。

※ USCG 注記

了承された船の航跡（実際の航跡もそうであったが），船は NA ブイ近くの水深 40 フィート地点を航過していた。船長とパイロットはともに海図記載の水深で最小 40 フィートの水深は許容していた。両者は 25 ノットで 2 フィートの船体沈下を生じること，潮汐は 1.5 フィートのプラスであると計算していた。

後に USCG の調査官の調査結果では，Echo sounder の記録によると 40 フィート地点を発信機の下 1 フィートあるいはそれ以下の間隙で通過したことがわかった。

パイロットは船長や当直航海士に NA ブイで針路を変更することや，さらに Southwest tip of Cuttyhunk の南で針路を 270 度にする意向であることを知らせていなかった。

2148	二等航海士は船位を測定し，255 度の針路を記入した。二等航海士は 255 度の経路は 34 フィートの浅瀬を 7.5 マイル離して，Brown Ledge の北を通過することに気付いた。二等航海士は浅瀬の件を一等航海士に報告した。一等航海士は船長に報告した。船長は一等航海士にパイロットへ Sow and Pigs Reef の南をさらに離して，航海士が海図に示した経路へ向けるように伝えるように指示した。
215x	2154 少し前（正確な記録はない），パイロットは船長の要求によりコースを 240 度に変更した。

2154 二等航海士は船位を測定し，240度の線を引いた。二等航海士はコースラインが39フィート地点を通過することに気付いた。彼はQEⅡの喫水は32フィート4インチであるから，この点を心配せず，パイロット，船長，一等航海士に何も報告しなかった。

パイロットは240度の経路を見て，それがBrown Ledgeの南を通過することを見たと言っている。

船長も同様に海図を見た。

※ USCG 注記

パイロットによるとVineyard Soundを出港する間の予想潮高はプラス1.5フィートであった。船長とパイロットはともに39フィート地点をプラス1.5フィートで通過し，問題ないと考えたと証言している。

2158 QEⅡは船体全体へ伝わる強い振動を起こした。船橋にいた人は間隔をおいて2回の振動とゴロゴロという音を覚えていた。船橋の機器はがたがたと揺れて，荒天時のようであった。2度目の振動が終わったとき，船長は機関停止を命じた。

船長は次のように証言している。「振動の原因としては，まず他船との衝突，あるいは機器の故障が頭に浮かんだ。3番目の可能性として座礁が残されていた」。

パイロットははじめ，プロペラを落とすような機械的損傷を考えていた。

船長は機器の問題がないこと，本船の周りには他の船舶がいないことを確認した。パイロットと船長は本船が座礁したことを理解した。

※注記

損害は甚大であった。QEⅡの応急そして完全修復には約1300万ドル要した。船が1992年10月2日に再び就航するまでの総損失は5千万ドルであった。

この事故による死傷者はなかった。

178 〔第Ⅱ部〕ブリッジチームマネジメント

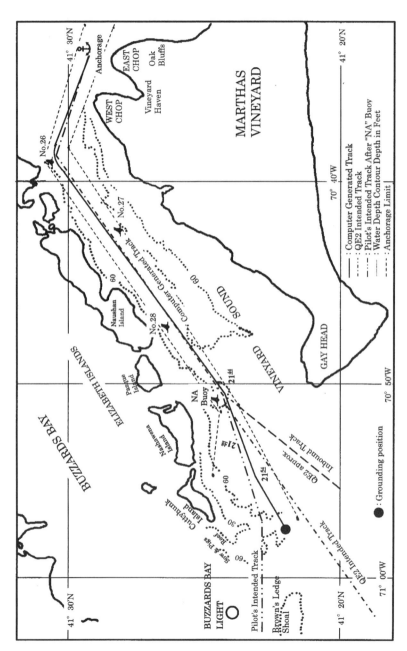

図Ⅱ-3-3 QEⅡの座礁事故発生の経緯を示す海図（NTSB報告書MAR-93-01より転載）

[第3章] ブリッジチームマネジメント概念の提案の経緯　179

　事故報告書とQEIIが航行した航路および計画航路を記載した海図（図II-3-3）を参考とし，座礁事故に関係すると考えられる要素をすべて抽出してみる。

　読者も，チーム活動における必要な業務の確認と十分な機能達成が行われない場合の，事故が発生する過程を理解するために，本事例を分析することを勧める。

事故の分析

以下に事故分析による関係要素の抽出の一例を示す。

- 潮位：干潮時であった
- 航海計器：エコーサウンダー3台のうち，操舵室のエコーサウンダーは停止していた
- 乗客の帰船遅れ（抜錨が約1時間遅れた）

経過時刻に対応した問題事象の発生

1150　パイロット下船地点の確認不足。

2050　New York向けの航海計画に基づく抜錨時間は20時であったが，乗客の帰船遅れのため，抜錨が20時50分となった。（2124, 24ノットへの増速につながる）

2115　船長のコースラインに対して，パイロットは習慣的に使用しているコースを指示した。（パイロットと本船との間の不十分な情報交換は，後に航海計画の変更に結びつく大きな事故要因となる）

2124　New Yorkへの到着予定時刻を守るために平均速度25ノットを要求した。パイロットはこれに応え，24ノットに増速する。

2142　海図の交換を行ったが，座礁海域付近の浅瀬の位置が印されていない。（危険な状況に対する情報の不足となる）

2144　（USCGの注記）船体沈下量の推定が不十分。

2148　浅瀬を通過することを 2/O が予測するも，パイロットに伝達するまでの間，C/O，船長を経由し，C/O からパイロットに情報伝達が行われている。（情報伝達の遅れ）

2154　2/O は再び水深 39 フィート（約 12.7 m）地帯を通過することに気付くが，本船の喫水（船首 9 m 85 cm）と水深の関係から問題はないと判断し，その旨を誰にも報告しなかった。（分担した仕事である情報の収集結果を報告していない。また，状況の判断を独自で行い，指揮者に報告していない）

　本分析より，チームは組織されていたが，チームとして実行されるべき機能が不十分であったために事故が発生したということが理解されるであろう。ここに示した事例について，事故発生までの経過を分析することにより，チームで活動するときに重要となる事項が抽出されてくる。以下，チームの活動の視点から列挙してみる。

　① 操船指揮者としてのパイロットと，船長を含む本船側の乗組員との不十分な意思の疎通
　② 海図の記入ならびにエコーサウンダーの情報収集体制の不備
　③ チームメンバーが他のメンバーと行った不十分な情報交換

　詳細な事項はほかにもあるが，ここに示したものはどれもチーム活動を行う上で大変重要な欠落である。チーム活動において重要となる事項については，次章で詳しく述べることとする。

重要事項：Bridge Team Management

Bridge Team Managementの考え方の背景と事例から学べる事項は以下のとおりである。

① Managementの考え方には，Bridge Team Management（BTM）とBridge Resource Management（BRM）の2つがある。
② BRMはBTMのなかで，チームリーダーの果たすべき機能である。したがって，BRMはBTMの一部と定義すべきである。
③ 過去の事故事例を分析すると，チーム活動をしているなかで，チームに所属するメンバーの不十分な活動が，チームを危険に導いていることが理解される。
④ チーム活動を活性化し，正しい活動状況を保つためには，チーム構成員全員がチームメンバーとして果たすべき機能がある。

第4章
ブリッジチームマネジメント

　前章までに述べたように，チームの形成は単独の当直では安全な航行を実現できない困難な環境条件への対応として行われる。したがって，安全を維持するために高い技能を必要とする状況においてチームが形成される。しかし，事故事例を分析すると，チームで活動をしているにもかかわらず，チームの活動が極めて低下し，単独当直以上の機能を達成しないばかりか，時にはそれ以下の機能になり，事故を起こしていることが報告されている。本章では，Bridge Team の機能として要求される，**チーム構成員に必要な機能**を述べることとする。

4.1　BTM 訓練の必要性

　Bridge Team に必要な機能の説明に先立ち，従来は指摘されなかった BTM 訓練の必要性が強く指摘されるようになってきた理由を考えることとする。BRM，BTM の意義について最初に議論されたのは，1993 年の海事関連国際会議の席上であった。航空機分野で実施されている Cockpit Resource Management の紹介から始まり，Team Management の概念を船舶においても普及させる必要性があると，述べられたものであった。それまでも船舶において，状況によってはチームにより運航することは常識であった。しかし，特別にチーム活動のあり方や構成員の行動内容について議論されることはなかった。これは単に BRM あるいは BTM の概念がなかったことに起因しているというよりも，議論する必要がなかったためと思われる。では，なぜ現在は議論しなくてはならないのか，その背景を考えることとする。

BTM訓練が必要となった背景には，従来と現在の船橋構成員の違いが指摘される。主要な違いは以下のとおりである。

(1) 海技者の経験の変化

従来の船橋構成員，とくに海技士資格の保有者は，長期間の乗船実歴を経験しながら上位の資格と地位を獲得し昇進していった。しかし，現在は短期間の乗船実歴を経過するだけで昇進する状況となっている。船舶の運航技能は，乗船中の経験により知識が技能として定着する。乗船履歴の少ない海技者は豊富な経験者に比べて技能の不足が発生することは，しばしば指摘されているところである（第Ⅰ部第3章において詳しく述べられている）。

現在の船舶運航の現場は，乗船勤務の経験に違いがある2種類の海技者の合成体として形成されている。両者が仕事の遂行に対して共通の意識と共通の理解を行うためには，十分なコミュニケーションによる意思の疎通が必要となっている。船舶が運航状態にあるとき，両者の意識と理解の相違は，時に危険な状態を誘発する原因となる。この状況を防ぐためには，運航に関する仕事が実行されているときに，十分なコミュニケーションが必要となる。また，意識の違いは，複数の海技者で行う仕事の関連性を脆弱なものとしている。この点を補うために訓練が必要となり，それがBTM訓練に該当することとなる。

〔技能の違いにより発生する状況の事例〕

技能の違いが原因となる危険な事例を，両者の意識の違いに焦点を当てて紹介する。経験豊かな船長と経験の少ない航海士の間で生ずる意識の違いを考えてみる。

経験豊かな船長は，配置された航海士の行動を考えるとき，航海士だった頃の自分の行動を基準に考えることとなる。「自分が航海士だったときは，必要な仕事は自分で判断し実行してきた。そして，報告が必要な事項は必ず，自発的に報告してきた。いまの航海士の仕事も，自分が実行してきたと同様に行われるであろう」。これが経験豊かな船長が，航海士の行動に対して，自然に持つ意識である。しかし，経験の少ない航海士は，状況に応じて行う必要のある仕事をすべて判断し，実行する

ことができない。これは，技能が実務の経験を通して完成されていくものであるにもかかわらず，十分な経験をする機会を与えられていないことに起因している。そのために，時に報告の必要な事項を判断できない。また，報告の必要性が判断できない。

　経験豊かな船長が航海士であった頃は，船長から特別な指示がなくとも，必要な行動をしてきた。しかし，現在は経験の少ない航海士に，必要な行動を指示することが必要になっているのである。

　一方，経験の少ない航海士の視点からは，別の意識が生まれてくる。「自分には必要な行動すべてが把握できていない。必要なことは船長から指示があって然るべきである」。

　結局，経験豊かな船長と経験の少ない航海士の間では，片方は無言のうちに必要な仕事の達成を待ち，他方は指示のないうちは行うべき仕事をせず，指示を待ち続ける。

　何らかの危険が本船に迫っているとき，ここで示した両者の関係が継続する場合を考えると，結果は明らかであろう。危険な状況が実現してしまうこととなる。

この事例からも理解されるように，経験豊かな船長あるいは上級士官は，経験の少ない航海士に積極的に指示し，安全運航を実現するとともに，彼らの技能を高めることが必要な状況になっているのである。一方，経験の少ない航海士は，経験豊かな上級士官の行動から必要な仕事を学び，その技能の習熟に励む必要がある。どのような意識の違いがあるかは把握が難しい。したがって，両者は意識の確認を努めて行う必要がある。双方の努力なくして，現状が抱える問題を解決することはできないであろう。そして，その努力の具体的な事例として，チームによる活動において表面化する，**BTM** として求められる行動が，この問題を解決する方策でもある。

(2) 海技者の意識変化と多様性の出現

　現在の船舶は多国籍の海技者によって運航されることが一般的になっている。このように異なる国の教育体制の異なる機関から輩出された海技者間に

は，異なる価値観や知識の隔たりがあると考えるのが妥当である。しかし，船舶の運航においてはチームリーダーの指揮の下，チームの目的に従って，一貫した判断行動が必須である。内在する価値観や知識の差異を統一し，同一の判断基準に基づく行動を維持するためには，チーム内における共通認識を促進する行動が必要である。この目的を達成する技術が BTM であると考えられる。

以上の船舶運航体制の変化により，チーム活動に対する新たな訓練が必要とされることとなった。

4.2 ブリッジチーム編成の理由と目的

　ブリッジにおけるチーム活動を円滑かつ効率的に行うためには，何が必要となるのかを考えることにする。そのためにはまず，Bridge Team を組織する理由を考えることから始めると，Bridge Team における必要機能が見えてくる。Bridge Team が組織されるのは，航行の困難度が高く，安全に航行するためには運航者が多くの仕事を実行する必要があるときである。それは，次々に発生する眼前の状況に応じて，必要とする仕事を短時間に高精度で実行する必要性があるときでもある。典型的な事例として以下の状況を比較することにより，具体的な内容が理解されるであろう。

　単独当直の体制で沿岸を航行してきた本船が，船舶の輻輳する狭水域へ進行するとき，船長は航行の安全性を確保する目的から，チームによる運航体制を指示することとなる。これは，これから航行する海域においては，精度の高い船位推定の実施が必要であり，推定の頻度も高くする必要があるためである。さらに，その海域は船舶と出会う頻度も高く，つねに周囲の船舶の状況を監視し，衝突の発生を回避する操船が必要である。このように，Bridge Team が形成される状況は，単一の海技者による対応では必要とされる仕事の処理の量と質が確保できない状況である。

　この状況に対して，Bridge Team を形成することにより，多くの必要な仕事を複数の海技者により分担して実行する。これにより，1人の海技者が行うべき仕事の量は減少し，構成員1人1人は分担した仕事を正確に実行できることとなる。チームは各構成員の実行した仕事を活用して安全な運航が実現できることとなる。以上が Bridge Team を形成する理由であり目的である。

4.3 チーム活動の特殊性と必要な機能

　単独当直と Bridge Team の質的な違いは，単独当直では必要な仕事をすべて1人の海技者が実行するのに対して，Bridge Team では必要な仕事を複数の海技者が分担して行う点にある。単独当直と Bridge Team の質的な違いを考察し，両者の違いを明らかにすることにより，Bridge Team において実行すべき技術が明らかになる。

　Bridge Team において，複数の海技者により実行された必要な仕事は，船舶の運航に必要であり，不可欠な仕事である。したがって，複数の海技者により実行されたすべての仕事の成果を運航に反映する必要がある。すなわち，個々に実行された仕事を船舶運航のために集め，分析・評価する必要がある。この集約の過程は通常，**仕事の実行結果の報告**の形態をとる。すなわち情報の伝達，コミュニケーション（Communication）**が必要**となるわけである。

　単独の当直者で船舶を運航している場合には，すべての仕事は当直者である単一の海技者により実行され，その結果は必然的に本人が知ることとなる。この場合は情報の伝達，コミュニケーションが無用であることからも，これらがチーム活動の特徴であることがわかる。

　さらに，複数の海技者による仕事の分担作業は，チーム活動として円滑に実行される必要がある。このためには，構成員間の各仕事は単独に，バラバラに行われることなく，各自が他の構成員の作業の状況を把握していることが必要となる。構成員のこのような行動を，**協調的行動（コーポレーション：Cooperation）** と呼ぶこととする。協調の機能は，複数の海技者により実行された分担作業に関連性を与えることであり，円滑なチーム活動には必須な機能である。

　協調的行動とコミュニケーション，これら2つの機能はチーム構成員全体が実行すべき機能である。そして，これらの機能が十分に達成されるためには，さらに重要な機能がチーム活動を活性化するために必要である。その機能は，**チーム全体を統括し，チーム構成員の実施した仕事の結果を分析・評価し，安全運航の行動決定とその実施を担当する機能**である。これがチームリーダーの必要機能であり，その達成がチームの目的達成に結びつくこととなる。

コミュニケーションの意義と協調的行動の意義，そしてチームリーダーによる管理の意義を次に説明する。

重要事項：チーム活動に必要な機能

　複数の人間により構成したチームの目的を実現するためには，チーム構成員はそれぞれ次の機能を達成しなければならない。
① チームリーダーはチーム全体の活性度を高め，チームの目的を実現するための機能を果たす必要がある。
② チームメンバーは有効な情報交換（コミュニケーション：Communication）を行う必要がある。
③ チームメンバーは円滑なチーム活動を維持するために，協調的活動（コーポレーション：Cooperation）を維持する必要がある。
④ チームメンバーはメンバー間で分担した仕事を，正しく達成しなくてはならない。
⑤ チームリーダーはチームの一員として，上記②から④の事項を行う必要がある。メンバーはリーダーの意向に従って行動する必要がある。

4.4　コミュニケーション（Communication）

　一般にコミュニケーションは関係者間の会話として理解される。しかし，船橋内においては指示と報告によって実行されることとなる。船橋内における一般的な会話は，チーム活動のために必要な情報交換には含まれない。ここでは，チーム編成時に必要とされるコミュニケーションの意義について考えることとする。コミュニケーションはチーム構成員が保有する情報を互いに交換する機能を持ち，次の働きをすると考えられる。

① コミュニケーションは，各チームメンバー（チーム構成員）が実行する仕事の結果を統合するために必要な機能である。
② コミュニケーションは，チームメンバーに同じ目的意識を持たせることができる。
③ コミュニケーションは，ヒューマンエラーの連鎖を断ち切ることができる。

　先に述べたとおり，複数の海技者により実行された仕事の結果は，船舶運航に反映する必要がある。複数の海技者による仕事の処理の結果として得られた情報は，船舶運航の指揮者のもとに集める必要がある。すなわち，情報を操船指揮者に統合するための機能が必要となる。これがコミュニケーションの第一の意義といえる。

　次にチームメンバーが同じ目的意識を共有するという機能がある。これはチームメンバー間で情報を共有することにより成立する。これにより，チームが直面する状況をチームメンバー全員が理解し，各自の対応を考えることができることとなる。チームメンバー間で情報を共有するためには，特定のメンバーが入手した情報をチーム全体に知らせる。チームリーダーを含めて，チームメンバーは入手した情報，把握した状況をメンバー全員へ知らせることを重視する必要がある。チームリーダーは，指揮者としての判断・決定をチームメンバー全員に知らせる必要がある。なぜならば，チームメンバー全員はチームリーダーの意向を反映した行動をとる必要があるからである。これにより，チームは一体として目的の達成のための機能を維持することとなる。

著者がある外航船に乗り込み，チーム活動をするブリッジの状況を監査する機会があった。その船の船長と一等航海士は日本人であったが，ブリッジに配置された三等航海士と3名の部員はフィリピン人であった。シンガポール海峡を通航中に複数の他船との干渉関係が発生した。そのとき，見張りをしていたフィリピン人の部員は，他船を初認すると船長のところへ移動し，指でその船舶の方向を示して，船舶の存在を知らせていた。当然，前方を監視していた一等航海士はその情報を知ることはできなかった。また，レーダ監視をしていた三等航海士にも，その情報は知らされなかった。チームメンバー全員に状況の共通認識ができていない典型的な例である。後で，フィリピン人はシャイな人が多く，大きな声での報告をしないことが多いと聞き，状況は理解できたが，改善の必要性を指摘することとなった。

第3項目として，コミュニケーションはヒューマンエラーの連鎖を断ち切ることができることを指摘した。一般に自分の犯したミスについて，本人は気付かない場合が通常である。重大事故が単純なヒューマンエラーをきっかけとして発生していることはしばしば指摘されているところである。単純なヒューマンエラーが直ちに重大事故を発生させることもあるが，多くの場合は，初めの単純なヒューマンエラーにより，次の判断ミスやヒューマンエラーが発生し，しだいに重大事故の発生条件をつくり出すこととなる。ヒューマンエラーを早期に発見し，正しい状況に戻すことにより，事故の発生を回避できることとなる。では，どのようにすれば，ヒューマンエラーを早期に発見できるのであろうか。先に述べたとおり，自分の犯したミスに本人は気付かないことが多い。本人が気付かないならば，他の人間がエラーの発生を感知することが重要になる。他人の起こしたエラーを知るためには，エラーを起こした人間が実施したことや認識している情報を，他の人間が知る機会をつくる必要がある。行動や認識の内容は口に出すことにより，他の人間の知るところとなる。チームを構成する人間は，チーム内の人間により提供される情報を聞き流すことなく，つねに内容を吟味することにより，エラーの発生を指摘できることになる。チームメンバーの報告はチームリーダーに向けてのみ実施されていると考えるのは妥当でない。チームメンバーが互いに他のメンバーの発言内容に注意することが必要である。発言者以外の人間が発言内容の誤りに気付き，指摘することに

より，エラーの発生を指摘できる。これにより，単純なヒューマンエラーによる次の判断ミスやヒューマンエラーの発生は解消され，重大事故の発生条件も解消されることとなる。適切なコミュケーションはヒューマンエラーの連鎖を断ち切ることができるといわれる所以である。

　ヒューマンエラーを起こす可能性はチームリーダーを含むチームメンバー全員にある。著者が操船シミュレータを用いて海技者の技能特性を調査しているなかで見られた例を紹介する。

〔例1〕シンガポール海峡を西航する船橋内の事例

　本船がシンガポール海峡の西航航路を西航し，Buffalo Rock の北に向けた針路を進むとき，東航航路の深喫水航路を航行し，Buffalo Rock に向けた針路を進む船舶と行き合う場合（図 II-4-1）に，しばしば行われる船橋内の会話がある。見張り担当の海技者は東航する船舶を横切り船と誤解し，船長に衝突の危険性を告げる。このとき，船長あるいは他のチームメンバーが，相手船は東航航路を航行している船舶の可能性が高いことを知らせることにより，その後の航行状況に注意して航行することとなる。他船の位置を確認することにより，東航船であることが確認できる。しかし，他の海技者がその点を是正しない場合には，VHF 無線電話により他船の動向の確認を行ったり，衝突回避の無意味な変針行動をとるケースが発生する。これは，シンガポール海峡の航路の状況を十分に理解できていない海技者が起こすミスであり，広義のヒューマンエラーに該当する。

〔例2〕シンガポール海峡を東航する船橋内の事例

　本船がシンガポール海峡の東航航路の深喫水航路を東航し，Jong Fairway への航路横断域に向けて航行しているとき（図 II-4-2），右舷前方の浅水航路を東航する船舶に関し，次の会話が行われた。右舷前方を東航する船舶は本船より速く，すでに本船を追い越して航過した船舶である。追い越しが発生した時点で，両船は VHF 無線電話交信を行い，互いの航行計画を確認してあった。そのときの交信では，前方を航行する船舶は Jong Fairway を通り，シンガポールへ入港の予定であることが知らされていた。Buffalo Rock を通過する時点で，

[第4章] ブリッジチームマネジメント 193

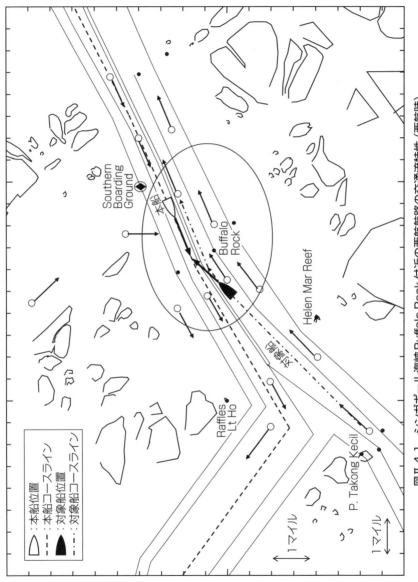

図Ⅱ-4-1 シンガポール海峡 Buffalo Rock 付近の西航航路の交通流特性（西航時）

194 〔第II部〕ブリッジチームマネジメント

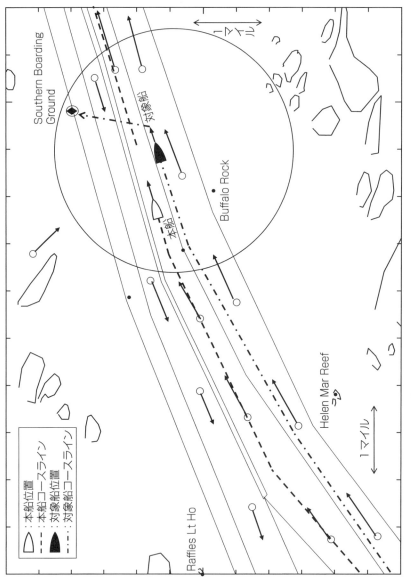

図II-4-2 シンガポール海峡 Buffalo Rock 付近の東航航路の交通流特性（東航時）

船長は右舷前方を航行する船舶は東航を続ける船舶であると誤った推測をし，半速で航行していた船速を全速に上げる意向をチームメンバーに告げた。このとき，チームメンバーの1人である二等航海士は，右舷前方の浅水航路を東航する船舶は Jong Fairway を通り，シンガポールへ入港の予定であることを船長に知らせ，増速を取りやめることとなった。このケースはチームリーダーもミスを犯すことがありうること，チームメンバーがつねに船長の意向を確認することの重要性を示している。

ここに示した2つの事例から，コミュニケーションがヒューマンエラーの発生を事故へ結びつけない重要な機能を果たしていることが理解される。コミュニケーションの重要性とともに，その方法についても十分に理解しておくことが重要である。この点に関しては4.9節「情報交換の方法」において述べる。

重要事項：コミュニケーション（Communication）の意義

正しい情報交換（コミュニケーション）を行うことにより，次の機能を実行できる。
① コミュニケーションにより，各チームメンバーが実行した結果を共有し，得られた情報を総合して，チームの活動方針を決定できる。
② コミュニケーションにより，チームメンバーは目的意識を共有できる。
③ コミュニケーションにより，チームメンバーが犯したヒューマンエラーを検出し，その連鎖を断ち切ることができる。

4.5 コーポレーション（Cooperation）

　チーム活動において，チームメンバー間に必要とされる協調の意義を次に考える。協調活動（コーポレーション）が達成する機能と，協調活動を達成するために必要な行動は，次のようにまとめられる。

(1) チームメンバー間の連携的な行動を実現する。
(2) 他のチームメンバーが実行できない，あるいは行わない必要な仕事に対する補償的行動を行う。
(3) 他のチームメンバーの行動を確認する。ヒューマンエラーの発生を検知する。

　以下にチーム活動に必要となる協調機能について事例を含めて説明する。

(1) チームメンバー間の連携的な行動

　初めに，チームメンバー間の連携的な行動について説明する。チーム活動においては，チームが実施しなければならない仕事を複数のメンバーにより分担実行する。実行を必要とする仕事は1人のメンバーで完了することは少なく，複数の海技者がそれぞれ分担する仕事につながり，すべて行われて完了することが普通である。したがって，1人1人の海技者は他のチームメンバーの仕事の結果を確認することがまず重要である。続いて，その仕事の結果に基づいて実施すべき自分の仕事を実行する。このように，チームとして必要となる仕事の完成に努めることが必要である。

　たとえば，目視により他船を発見し，これを船長に報告したときに必要な連携的な行動とは何であろうか。通常，単独で当直をしている場合は，目視で他船を発見すると，RADAR/ARPAによりさらに詳細な情報を収集することとなる。これは，RADAR/ARPAにより目視では入手できない情報を得るための行動である。発見した他船の状況をより正確に認知するためには，RADAR/ARPAによる情報の収集が必要である。したがって，目視により他船を発見し，これを船長に報告したときに必要な連携的な行動とは，RADAR/ARPAの監視を担当する海技者による詳細な情報提供である。そし

て，これを実現するためには，他の海技者による船長への報告を確認するとともに，即時に他船をRADARにより捕捉し，必要情報を取得し，船長へ報告することが必要となる。これらの行動がチームメンバー間の連携的な行動として指摘されるものである。

この連携的行動が達成されない場合を考えてみよう。目視により他船を発見した後，いずれRADAR/ARPAの監視を担当する海技者も，その他船をRADAR上で捕捉するであろう。その海技者は他船の存在を船長に知らせることとなる。この場合，船長はどのように判断するであろうか。まず船長は目視による他船発見にかかわる報告を受けると，その詳細情報を期待する。しかし，RADAR/ARPA監視を担当する海技者から情報提供がなければ，状況を正確に把握できないまま時間が経過することとなる。そして，しばらくして，RADAR/ARPAの監視を担当する海技者から他船の存在を知らされると，目視により初認した船舶とは異なる他船が出現したと考える可能性も生まれる。連携動作の不完全さは，分担して仕事を実行するチーム活動の円滑さを欠くばかりでなく，非効率な作業実施を招き，時には問題を発生させることとなる。

前節で示した，著者の乗船監査において観測された，フィリピン人のシャイな行動により，目視による初認後，RADAR/ARPA監視の海技者から情報提供が行われなかった事実は，チームメンバー間の連携動作を阻害するものである。

(2) 必要な仕事に対する補償的行動

次に，他のチームメンバーが実行できない，あるいは行わない必要な仕事に対する補償的行動について説明する。ここで補償的行動とは，他のチームメンバーが行わない必要な仕事を代わりに実行し，チームとして必要な仕事の実行を果たすことを意味している。通常の船橋におけるチーム活動では，複数の仕事がチームメンバーの各人に割り当てられることとなる。航海の状況によって，特定の海技者に仕事が集中する場合がある。集中した仕事の内容はそれぞれ実行が必要な仕事であるから，すべて実行しなければならない。しかし，担当者が分担したすべての仕事を実行できない場合がある。このような状況において，他のメンバーが本来の分担仕事に加えて，担当者によって実行されてい

ない仕事を代行することが必要となる。この行動により，チーム全体として必要な仕事を完成させることが可能となる。チームの活動を完成させるためには，チームが必要な機能をすべて達成することが必要である。必要な仕事がつねに変化しうる状況においては，当初の役割分担を超えて，メンバーの誰かが実行しなければならないこととなる。このような随時の仕事の実行は，チームでの活動でつねに必要となるものであり，協調的活動として重要である。

たとえば，二等航海士には一定時間間隔の船位推定とVHF無線電話による外部との情報交換が分担されたとしよう。干渉船との情報交換や海上交通センターとの情報交換が継続して，長い時間のVHF無線電話による情報交換の必要が生じた場合，二等航海士が当初の分担仕事である船位推定を実行できない状況が発生する。このような事態に，他のメンバーが船位推定の機能を二等航海士に代わって行うことが，安全運航においては必須である。このような必要な仕事の実行が欠落した場合に，他のチームメンバーに代わって実行する補償的行動は，協調活動の重要な機能として指摘できる。

(3) チームメンバーの行動の確認

次に，協調機能の1つである他のチームメンバーの行動を確認することについて説明する。

チーム活動においては，複数のメンバーが仕事を分担して行うことが前提となる。他のチームメンバーの行動を確認することにより，そのメンバーが状況を誤解していたり，ミスを犯していることを察知できる。前節で説明したように，人間が起こすミスや誤解を，本人が自覚することは極めて困難である。自らの考えや行動の趣旨を口に出していたとしても，他のメンバーがその内容を確認しない限り，ヒューマンエラーの連鎖を止めることはできない。この点から，協調的行動の重要事項の1つとして，他のチームメンバーの行動の確認が含まれることとなる。

他のチームメンバーの行動の確認は，連携的な仕事の実行や，他のメンバーが実行できていない仕事を認知し，それを補償する行動をとるためにも必要な機能である。チームメンバーの視線がチームリーダーだけに向いているときには，他のメンバーの行動や発言を認知することはできないであろう。チームメ

ンバーの各人がチームの現状を知っておくことが重要である。

　以上のことから，チーム構成員がチーム活動を完遂するためには，コミュニケーションと協調的活動という2つの機能が重要になることを理解できるであろう。

　この2つの機能は，チーム構成員として Team Management を実行する際に重要となる技術であり，これらの技術を訓練することが Team Management 研修の目的となる。

重要事項：コーポレーション（Cooperation）の意義

協調的活動（コーポレーション）を行うことにより，次の機能を達成できる。
① コーポレーションにより，各チームメンバーが実行する仕事に関連性が維持され，円滑なチーム活動が実行できる。
② コーポレーションにより，他のチームメンバーの仕事の代行や補完作業が実行できる。
③ コーポレーションにより，他のチームメンバーの行動を監視し，ヒューマンエラーの発生を感知できる。

4.6　チームリーダーが実行すべき機能

　ここまで，チーム活動としてチームメンバーとチームリーダーが実行すべき重要な機能を説明した。これらの機能の重要性は，単独当直時には表面化しない。言い換えれば，必要とされない。しかし，チーム活動を行うときには極めて重要となる。チームの構成員毎に実行すべき機能のみでは，完全なチーム活動は実現できない。さらに重要な機能がある。それはチーム全体を統括し，チーム構成員の実施した仕事の結果を分析・評価し，安全運航の行動決定と実施を担当する機能である。これがチームリーダーの必要機能であり，その機能が達成されることがチームの目的達成に必須となる。

　本節では，チームを統括し，チームに必要な仕事を確実に達成する責任を負うチームリーダーに必要な機能について述べる。

(1) チームリーダーはチーム構成員全員にチームが実行する目的達成の内容を明確に告知するとともに，目的達成に必要な行動を具体的に示さなければならない

　チームの構成員はチームリーダーの意向に従い，構成員個々の仕事を達成する。したがって，チームリーダーは自らの考えを正確かつ明確にチーム構成員に伝える必要がある。そのためには，チームリーダーはチームが達成すべき内容を正確に理解し，目的達成のために必要な目標を整理し，個々の目標達成のための戦術を立案しなければならない。すべての目標は目的達成のために必要な要点課題の項目として決定される。したがって，個々の達成すべき目標は目的達成のための計画を作成すること，すなわち戦略を考えることにより決まる。安全運航を目的とするとき，戦略は航海計画の立案に相当し，航海計画を実行するために必要となる種々の課題を1つずつ達成することが目標として設定され，その課題の解決法が戦術として計画されることとなる。リーダーはこの概念を念頭に置き，目的達成に必要な行動を具体的に示さなければならない。

(2) チームリーダーはチーム構成員の技能を評価し，構成員全員の担当する仕事とその内容を明確に指示しなければならない

　チームリーダーはつねにチームが最大の成果を挙げることを目的としなければならない。そのためにはチームの目的達成のためにチーム構成員の技能を最大限に活用する必要がある。チームの構成員の技能は均一ではなく，差異があることが通常である。一方，実行すべき仕事は複数あり，その達成の難易度も均一ではない。チームリーダーは個々のチーム構成員の**技能を評価**するとともに，**仕事の難易度**そして仕事の達成度が安全運航に与える**重要度**と対比して，個々の構成員に対する仕事の分担を行う必要がある。

　経験の少ない航海士に，練習のために重要な仕事を分担させることがある。このような場合にも，航行の困難度が増加し，チームとして高い技能を実行しなければならない状況が発生することがある。そのとき，技能が未熟な航海士に継続して担当させることは安全上，妥当ではない。チームはつねに，必要に応じて最大の技能を発揮する必要がある。この観点から，たとえ経験の少ない航海士に練習の機会を与えるとしても，その前提として，本来の仕事の分担の体制は明確にしておく必要がある。経験の少ない航海士が練習をしているとき，航行の困難度が増加し，チームとして高い技能を発揮しなければならない状況が発生した場合は，直ちに正規のチーム構成に戻れる体制を確保する必要がある。そして，チームリーダーは状況を判断し，体制の切り替えをつねに念頭に置く必要がある。

(3) チームリーダーはつねにチーム構成員の行動を監視し，チームの活動を活性化し，最良の活動状態を維持しなければならない

　チームリーダーはつねにチームの活動を活性化し，最良の活動状態を維持しなければならない。チーム構成員の行動状態は**分担した仕事の達成度**と**報告の頻度**などにより判断できるので，チームリーダーはつねにチーム構成員の行動を監視する必要がある。もし，これらの点に不十分な状況があるときは，必要な仕事の達成や報告の充実を促進するためのアドバイスや指示を行うことが，チームリーダーの機能として必要である。

(4) チームリーダーもチーム構成員の一人であることから，前述したチームメンバーに求められる技能も必要である

チームメンバーに必要な機能は以下のとおりである。

① チームメンバーはチーム構成員全体が情報を共有するために有効な情報交換を実行することが必要である。
② チームメンバーはチーム内の各個人の行動によってチーム活動が円滑に実行されるように，つねに協調的行動をとることが必要である。

重要事項：チームリーダーの機能

① チームリーダーはチーム構成員全員にチームが実行する目的達成の内容を明確に告知するとともに，目的達成に必要な行動を具体的に示さなければならない。
② チームリーダーはチーム構成員の技能を評価し，構成員全員の担当する仕事と仕事の内容を明確に指示しなければならない。
③ チームリーダーはつねにチーム構成員の行動を監視し，チームの活動を活性化し，最良の活動状態を維持しなければならない。
④ チームリーダーもチームの一員であることから，チーム構成員が状況を共有するための十分な情報交換と，チーム活動を円滑に進めるための協調機能を達成する必要がある。

4.7 チーム活動の実行例

　東京海洋大学の操船シミュレータセンターでは継続的に，BTM の技能養成のための研修の在り方について調査・研究を実施している。図 II-4-3 は BTM 研修時の役割分担の一例を示している。

　図は船長以下，航海士 2 名，計 3 名によってチームが組織されているものとして，機能達成の役割分担を示している。したがって，操舵手は操舵のみを担当し，見張りなどの仕事は行わないものとしている。船長を含む 3 名の海技者がブリッジチームとして必要な機能の達成を要求されているケースと考えることができる。

　役割分担は図に記載したとおり，船長は総指揮としての全体統括と見張り，二等航海士は船位推定と主にレーダを用いた見張り，三等航海士は主に目視による見張りおよび船内外とのコミュニケーションを担当している。船長，二等航海士，三等航海士が分担している仕事の総和が，単独当直時に 1 人の航海士が実施している仕事となり，安全運航に必要な基本的な機能を達成するための事項に該当する。

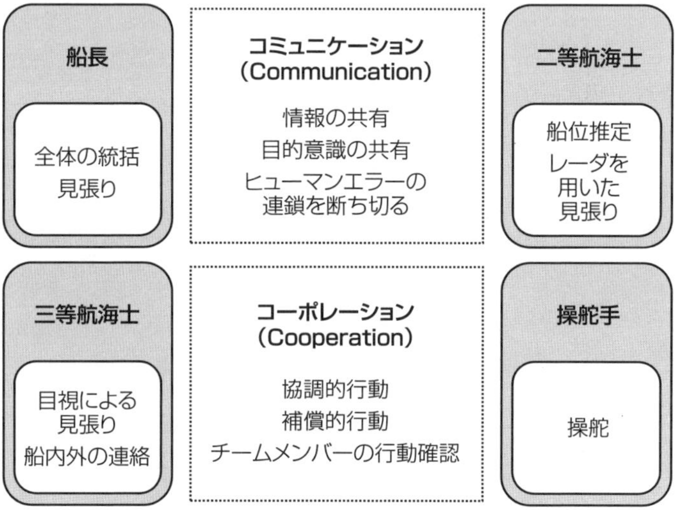

船長	コミュニケーション (Communication)	二等航海士
全体の統括　見張り	情報の共有　目的意識の共有　ヒューマンエラーの連鎖を断ち切る	船位推定　レーダを用いた見張り
三等航海士	コーポレーション (Cooperation)	操舵手
目視による見張り　船内外の連絡	協調的行動　補償的行動　チームメンバーの行動確認	操舵

図 II-4-3　Bridge Team 活動の概念図

これに対して，チームを形成して仕事を実行するときには，新たにコミュニケーション機能とコーポレーション機能が加わることとなる。この点がチーム活動の特徴といえる。図の中央の2つの枠内に示される機能がBTMの重要機能である。コミュニケーション機能とコーポレーション機能がなくては，チーム活動は成立しない。前述したとおり，チームの各構成員がたとえ十分な分担機能を達成したとしても，それだけでは安全運航は達成されない。各自の実行した仕事を統合することによりはじめて，全体として必要な機能がすべて実行されたこととなる。このためにはコミュニケーション機能とコーポレーション機能が必要である。

　図からもわかるように，各自が有している情報はコミュニケーション機能によってチームメンバー全員で共有し，コーポレーション機能によってメンバーが一体となった行動と欠落の補償を行うことが求められている。

4.8 キャプテンブリーフィング

　チームで必要な仕事を実行するときは，実行前にチームリーダーからチームメンバーに対して仕事の遂行上の重要点や注意点に関する説明が必要である。チームリーダーからの説明により，チームは一体化し，リーダーの目的とするチームの活動方針がチーム全体に周知されることとなる。チーム活動は複数の海技者により必要機能を達成するとともに，達成された機能が有効に目的達成のために寄与することが重要である。このためには，チームの行動目的，目的達成に必要な達成すべき機能の明確化，そして機能の達成方法を，チーム構成員全員が理解しておくことが重要である。この重要なプロセスは，BTM においては"Captain briefing"に該当する。

　ブリッジにおけるチーム活動を実施するときの主要な確認事項を表 II-4-1 に示す。

表 II-4-1　Captain briefing 時の確認事項例

① 目的と目的達成のための戦略を説明する。
② チームメンバーの各自が実施すべき役割の分担を行う。
③ 分担する役割を実施するための重要事項を説明する。
　たとえば
　・予測される交通状況の概要を説明する
　・見張りの実施において，とくに重要な点を指摘する
　・船位推定の間隔を指示する
　・航海の実施において重要となる交通流特性の注意点を説明する
　・交通センターとの交信必要地点を確認する
　・特殊なローカルルールについて確認する
　・予想される気象・海象の変化について対応を説明する
④ 航海計画を作成する。
　とくに次の点について確認し，計画に反映する。
　・変針点の目標物
　・船首目標
　・No Go Area
　・Safe Distance
　・Under Keel Clearance
　・減速計画
　・その他，航海の安全を確保するために重要な項目

第一に行われるべき確認事項は，目的と目的達成のための戦略の説明である。目的は安全運航の達成である。この目的を達成するためには，直面する種々の環境条件の予測と，それに対する基本的な対応方針を説明する必要がある。

　第二の事項は，チームメンバー1人1人が行うべき役割の分担である。遭遇する航海状況を予想し，必要となる仕事の内容を予測し，残すところなくすべての仕事を明確にチームメンバーに分担させる必要がある。チーム活動の基本になる要件である。

　第三に，各仕事の実行に当たっての重要事項を確認する。たとえば，見張りを実施するに当たっては，航行海域の特徴に基づいて，予想される交通流としての横切り船，停泊船，操業漁船の存在について指摘し，見張りならびに報告上の注意点を確認する。また，船位推定についても，可航幅への配慮や，予想される潮流や風圧影響を考慮した船位推定間隔の確認も重要である。

　第四に，仕事をどのような計画に基づいて行うかを示す，計画の立案がある。**BTM** においては**航海計画の作成**が該当する。各船社が指定する **SMS** マニュアルがあるときはこれに従い，コースライン，**No Go Area**，船首目標，変針目標などを設定することとなる。このとき，安全な航行を実現するための情報収集も重要である。たとえば，外部の資源として **VTS** の活用，水路誌，情報図による地域特有のローカルルールの確認も必要である。また，何らかの異常な状態が発生した場合の対応についても事前に確認する必要がある。

4.9 情報交換の方法

安全な航行を実現するために重要なのは，重大海難である衝突事故と座礁事故の防止である．本節では，それぞれの事故の発生に多大な影響を与える要素技術として，「見張り技術」と「船位推定技術」に関する情報交換について説明する．

報告に関する留意点をまとめる．

(1) 報告すべき事象
(2) 報告に含まれるべき項目
(3) 報告すべき時期
(4) 報告する項目の順序
(5) 報告の頻度

ここに示した各項目は，報告を行う海技者がつねに考えて，報告を実施する必要のある基本的事項である．BTM/BRM 研修を実施した経験から，研修に参加した多くの海技者がチーム活動を実施しているなかで観測された報告方法には，ベテランといえども十分でない例が散見される．まして，若手海技者においては，しばしば上記の項目について注意する必要が生じている．各項目の内容について以下に説明する．

(1) 報告すべき事象

報告すべき事象とは，ある操船局面において，**何を報告すべきかの決定**である．チーム活動をしているとき，分担した仕事の結果，たとえば見張り作業により得られた情報や，船位推定により得られた船位や外乱の影響などについて，分担者が報告の必要性を認識していない場合がある．見張りで他船を認知していても報告しない場合や，船位推定によりすでに船位が航路端に推定されているにもかかわらず，計画経路からの横偏位のみの報告に終始し，航路を逸脱する危険性を報告しないケースがしばしば観測された．

(2) 報告に含まれるべき項目

　作業の実施により得られる情報は，単一ではないのが通常である。船舶の運航に必要な情報をすべて入手し，過不足なく報告することが必要である。そのためには，必要な情報を認識し，それを得るための作業を実施し，得られた情報のなかから必要な情報を選別することが必要である。さらに，必要に応じて，得られた情報を分析し，船の操縦に直接に役立つ情報へ加工し，有効な情報として報告することが必要である。

(3) 報告すべき時期

　情報を報告する時期は，操縦を実施する海技者が必要とする直前が一般的に適当である。必要とする時期よりも遅れることは当然良くないが，早すぎるのも適当ではない。事象にもよるが，早めに報告した事象は，1回のみでなく，再度，繰り返し同様な報告をするのが望ましいこともある。この場合，初めの報告は，操船者に余裕があるうちに，予告的に将来の情報を知らせておくことに該当する。

(4) 報告する項目の順序

　報告に含まれる複数の情報の順序も，情報を受け取る人間にとって大変重要である。順序が不適切な場合には，報告自体が有効に伝わらず，十分な効果を及ぼさない場合や，混乱を招くこともある。当然，報告内容は論理的な因果関係のあるほうが理解しやすい。また，重要度の異なる複数の情報が含まれる場合は，結論である重要事項を最初に伝えるという方法もある。

(5) 報告の頻度

　情報に含まれる項目が時間とともに変化する場合には，報告する頻度も重要である。見張りや船位推定に関する情報は，とくに時間とともに変化する内容が重要である。どれほどの変化があるかを明確にするために，前回の報告との比較や，変化の度合いを含んだ報告の仕方にも留意する必要がある。

　以下では，「見張り技術」と「船位推定技術」において，それぞれの技術達成

に関する情報交換の方法を説明する。

重要事項：情報交換の方法

チームメンバーと情報交換をするときには，次の点を考慮して行う。
① 情報交換の目的を明確に意識する。
② 情報交換すべき内容，項目を整理する。
③ 情報交換を実施する時期を選択する。
④ 情報交換する内容の順序を決定する。
⑤ 情報交換すべき頻度を決定する。

見張りに関する情報交換

見張り技術が果たすべき機能は第Ⅰ部で次のとおり記述されている。

① 現在状況の認識
　対象船の種類，運動（位置，針路，速力）
② 将来状況の予測
　対象船の運動（将来の位置，針路，速力）とその変化，本船との干渉の発生状況の推定（CPA，TCPA，船首あるいは船尾からの航過距離）

現状の認識と将来の干渉状況の推定が重要となる。衝突を回避する操船において重要なのは，早期に他船を初認し，正確な将来予測を実行することである。
　そのためにはまず，「現状」に関する情報としては，本船から見た**他船の位置**が必要となる。そして，**他船の運動情報**として，**進路と速力**の情報が必要となる。
　そして，「将来状況の予測」としては，本船との干渉状況に関する情報として最接近時の離隔距離である **CPA**（DCPA と称することもある），そして CPA に至るまでの時間的余裕を示す **TCPA** が必要情報となる。さらに，本船が衝突

回避の行動を実行する場合は，操船に関する方針を立案するために必要な情報の提供が必要である。

　見張り作業にかかわる報告では，現状と将来状況の予測に関する情報がつねに必要となる。見張りに関する情報の内容は，対象を航行船舶とした場合，周囲の船舶の一般的な動向情報と，衝突の恐れのある船舶に関する情報に大別される。とくに，衝突の恐れのある船舶に関する情報を報告する時期について考えると，その船舶の**発見時**，**継続監視中**，**避航行動開始直前**，**避航行動中**，そして**避航行動終了時**に区別される。順を追って，報告内容を考えることとする。

(1) 衝突の恐れのある船舶の発見時

　「現状」に関する情報としては，他船の位置，他船の運動情報として進路・速力，針路の**交差状況**がある。

　「将来状況の予測」に関する情報としては，最接近時の離隔距離である **CPA**，CPA に至るまでの時間的余裕 **TCPA** がある。さらに，操船上重要になる，本船の船首を通過するか船尾を通過するかを示す値としての **BCR** がある。CPA の値は両船がどれほどの距離を持って通過したかを示す安全度の指標ではある。しかし，結果の評価としては重要であるが，避航の行動内容を示唆するものではない。これに対して BCR（Bow Crossing Range）が，相手船が本船の船首を通過することを意味している場合は（通常，BCR がプラスで表示される），相手船の方向に針路を変更すれば接近距離は大きくなり，相手船の船尾を通過する航行を導くこととなる。また，BCR がマイナス，すなわち相手船が本船の船尾を通過することを意味している場合は，相手船と反対の方向に針路を変更すれば接近距離は大きくなり，相手船の船首を通過する航行を導くこととなる。

　衝突の恐れのある船舶を初めて発見したときには，現状とともに将来予測，そして衝突回避行動をとる場合の効果を示す BCR を報告することが適当である。また，相手船に避航の義務がある場合でも，BCR を報告することにより，相手船の行動を予測することが可能となる。

(2) 継続監視中

継続監視中の報告の目的は，状況の変化を伝えることにある。衝突の恐れが持続している場合は，これを含めて，相手船の現在の状況としての相手船までの距離，TCPA の変化，そして BCR を報告する。変化した距離と TCPA を報告するときは，前回報告したときとの差異も伝えることにより，操船者の行動に対する補助となる。

相手船を初認したときから行動開始までの間に行われる，継続監視中の報告は 1 回以上，時間的に余裕がある場合は複数回行う必要がある。また，周囲の船舶の状況も報告することにより，新たな危険に対する配慮も可能となる。

(3) 避航行動開始直前

行動開始直前の報告は，行動を決定し実行する海技者にとって，避航行動の決定内容が妥当であることを確認するために必要である。このため，変化している情報として，相手船の位置と TCPA をまず報告する。続いて，変化していない情報である BCR，CPA，相手船の針路・速力，交差状況を報告する。また，場合によっては避航のための針路を提案することにより，新しい針路における BCR を報告することも可能である。

(4) 避航行動中

避航行動中の報告の目的は，行動が有効な状況で推移しているかを判断できる情報を提供することである。時に，相手船の行動により，避航行動が予期した結果にならないこともあるので，この点も注意する必要がある。対象外の船舶の行動についても同様の視点から監視し，必要に応じて報告する必要がある。

(5) 避航行動終了時

避航行動が有効に機能し，衝突の恐れが解消した時点で，CPA を伝えるとともに，相手船が本船から離れていく状況になったことを報告することが必要となる。

> **重要事項：見張りに関する情報交換の方法**
>
> 衝突回避のための見張りでは，次の各段階で報告事項が変化するので，状況に対応した報告をする必要がある。
> ① 衝突の恐れのある船舶の発見時
> ② 衝突の恐れのある船舶を継続監視中
> ③ 避航行動開始直前
> ④ 避航行動中
> ⑤ 避航行動終了時

船位推定に関する情報交換

船位推定技術が果たすべき機能は第Ⅰ部で次のとおり記述されている。

① 船位推定のための情報収集の方法を選択する（測定機器の選択，船位推定のための目標物の選択）
② 船位を推定する（要求精度，頻度の実現）
③ 本船の運動状態を推定する（運動方向，運動速度，回頭角速度，風や潮流の推定）

上記の①で指摘される船位推定の方法は，情報を受ける海技者が情報の正確さを推定するために必要な事項である。そのため，逐次報告することが推奨される。

以下に，報告する情報の内容について考えることとする。

（1）直進する計画経路上を航行する場合

船位推定における現状に関する情報としては，計画経路からの偏位，Leeway，航路端や No Go Area までの余裕距離などが挙げられる。風や潮流などの外力による船位への影響を，つねに意識して報告する必要がある。

(2) 変針点を含む計画経路上を航行する場合

　前方の航路上に変針を予定する直線航路を航行する場合は，(1)の直進する計画経路上を航行する場合に報告すべき事項とともに，次の変針点への方位と距離も加えて報告する必要がある。さらに，測位して得られた現在の船位を基にして，変針予定地点を変更することが妥当な場合がある。このときには，次の針路を報告するとともに，変針時期を遅らせたり早めたりして，現在の針路を変更せずに直進することを推奨する場合もある。あえて，予定する変針点を通過せずに次のコースラインに乗せることになる。このような対処をするときには，付近の水深や危険領域への侵入を避けることへの配慮がぜひ必要である。予定された本来の計画経路は，危険領域への配慮など，すべての必要事項を加味して計画されたものであり，軽々に変更することは控える必要がある。ただし，十分に考えもせず，単に計画経路を航行することのみにこだわるのは，針路修正の変針やこれに伴う速力低下などのマイナス要因となることも配慮すべきである。航行の方針を示唆する船位推定にかかわる報告では，この点に関する思考が必要である。

(3) 到着予定時刻が決定している目標点に向かって航行する場合

　上記の(1)，(2)に加えて，到着予定時刻が決定している目標点がある場合には，次の内容の報告も必要である。すなわち，目標点までの距離と方位，到着予定時刻までの残り時間，予定時刻に到着するための速力（通常，Required Speed と表現する）である。

　以上の報告の実施時期と頻度は船位推定の必要な時期と頻度により決まる。
　基本的な船位推定の頻度は，航行可能域の広さや，風や潮流の影響の大きさにより決定される。
　航行可能域が狭く，かつ強い外乱影響が予測される場合などは，船首目標やパラレルインデックスを用いて，短時間で船位推定できる方法を併用することが必要である。これにより，適時に船位報告をすることが可能となる。

重要事項：船位推定に関する情報交換の方法

　船位推定では，以下の航海状況に応じて報告事項が変化するので，状況に対応した報告をする必要がある。
① 直進する計画経路上を航行する場合
② 変針点を含む計画経路上を航行する場合
③ 到着予定時刻が決定している目標点に向かって航行する場合

4.10　チーム活動の実施例から見た活性化の必要条件

　BTM/BRM 研修を実施すると，チーム毎のいろいろな状況を知ることができる。研修中に観測された事例を紹介し，活性化のために必要な条件をまとめることとする。

(1) 目的達成のために必要な機能の理解が不十分な例
　Pilot Station へ接近していく航海において観測された事例である。
　Pilot Station へ向かう航行においては，Pilot Station への到着予定時刻とパイロットが乗船するときの船速が，操船において重要な項目となる。この要件を満たすために，船長は Pilot Station までの残りの航程と到着時刻までの残り時間を勘案して，刻々の速力を調整することとなる。当然，航行の途上においては他の航行船との干渉の解消や，風や潮流の影響なども考慮しなければならない。チームリーダーとしての船長はすべての事項を考慮しつつ，到着時刻と到着時の速力を実現することを目的として速力調整を実施することとなる。多忙な船長を補佐することを要求されているチームメンバーの機能が重要である。船位推定を分担するメンバーは必要な情報をすべて認知しているため，必要な速力を求めることができる。通常，この時々刻々の調整速力を Required Speed と称している。船位推定を分担するメンバーは船位を推定した時点で，Pilot Station へ向かう針路と距離を報告することが必要である。そして，さらに船長を補佐する重要な機能として，Required Speed もあわせて報告することが必要となる。しかし，研修において観測された事例では，Pilot Station へ向かう針路と距離は報告したが，Required Speed を報告することはなかった。このようなケースでは，到着予定時刻を守るために Pilot Station の近傍において急激な減速操作が実施されるか，到着予定時刻が守れないことが多い。
　この状況は何が欠けていたために生じたのであろうか。どのような点が改善されれば，同様な事態を避けることができるのであろうか。まず第一に，船位推定を分担するメンバーが自分の分担範囲を認識し，必要な仕事をすべて実行することは当然である。しかし，重要な点として指摘されるのは，チームリーダーがチームメンバーの活動状況を認識し，つねにチームに必要な機能の実現

に努力する必要性を知ることである。
　この事例からは，「すべてのチームメンバーは，同じ目的と同じ行動意識を持つ必要がある。チームリーダーはチームの活動の活性化に努める必要がある」ということを，チーム活動の基本機能としての情報交換，協調活動，さらにリーダーの役割として学ぶことができる。

(2) 分担する仕事の不十分な達成

　この事例は，チームメンバーの構成員の組み合わせにより，しばしば発生する。
　このBTM/BRM研修は，船長と二等航海士，三等航海士の3名を対象者として実施された。船橋には他に，操舵手1名が配置されたが，シミュレータセンター側のスタッフであり，操舵以外の航行に必要な仕事は実行しないことになっている。Captain Briefingにおいて，役割分担が船長により告げられた。二等航海士は主に船位推定と船外通信，三等航海士には主に見張りと船内連絡，機関テレグラフ操作であった。二等航海士はすでに実歴として二等航海士を経験していた。三等航海士は乗船履歴1.5年であった。このチーム構成で，シンガポール海峡を航行する研修が実施された。二等航海士は船位推定の技能も英語による船外への通信の技能も高く，短時間で要領良く分担仕事を達成していた。その合間には，周囲船舶の目視による見張りとRADAR/ARPAによる見張りも実施し，船長への報告を行った。これに対して，三等航海士はRADAR/ARPAによる見張りを中心にして，危険船を発見することに集中していた。当然，目視による見張りは他船の発見も早く，かつ危険船の識別も早くなる。周囲船舶に関する報告は二等航海士が早く，かつ危険船識別の報告内容も含んでいた。三等航海士がRADAR/ARPAにより早期に危険船を発見した場合でも，該当船に関する報告は二等航海士が早く実施した。これにより，船長は周囲船舶の情報を二等航海士に尋ねることとなった。結果として，三等航海士はRADAR/ARPAの操作にのみ忙殺され，彼の実行した報告はないに等しかった。船長と二等航海士によるBTM/BRMの活動に終始することとなった。研修後のDe-briefingにおいて，三等航海士に，なぜ見張りで得られた航行船の状況を報告しなかったのかを尋ねた。彼の答えは「何を報告すべき

か，わからなかった」というものであった。

　Instructor としては，三等航海士の不十分な報告機能は，二等航海士が先んじて報告をするので，チャンスを逸していたものと考えていた。実際に，活動的なメンバーの存在は，他のメンバーの活動を消極的にする作用があることも多く観測されている。チーム構成員の形態が構成員の機能達成を変化させることを指摘しておきたい。さらに，ここに紹介した事例は三等航海士の技能不足が原因にあったことを示している。

　この事例からは，「すべてのチームメンバーは，どのような状況にあっても，割り当てられた任務を成し遂げる必要がある」ということを，構成員の海技技能の達成の重要事項として学ぶことができる。

(3) メンバー間の情報交換が不十分な例

　次に紹介する事例も，前項と同様な BTM／BRM 研修のなかで観測されたものである。

　船長と 2 名の航海士によりチームが形成され，Singapore Strait の西航航路を航行中であった。二等航海士は VHF 無線電話による交信で付近航行船の目的地を海上交通センターより入手し，船長に報告している。三等航海士は目視と RADAR／ARPA による航行船の見張りを分担していた。彼は Jong Fairway からの出港船を初認し，その報告を行った。その後，続けて本船への干渉を気にして，その動向を注視し続けた。しかし，この出港船の情報は二等航海士がすでに入手しており，Jong Fairway より Singapore Strait の西航航路に向かい，徐々に増速して本船の前方を航行することが了解されていた。船長もこの船の動向に対応して，針路を左に 5 度変針済みであった。三等航海士は船長と二等航海士の会話を聞いていなかったために，Jong Fairway からの出港船が増速し，本船に接近して危険な状態になると判断し，継続的にこの船舶の動向を報告することに集中した。結果として，出港船が本船の前方を航行する状況になった時点で，「本船前方を航行するようですね」と発言している。船長と二等航海士はこの時点で初めて，三等航海士が状況を認知していなかったことを知った。

　この事例からは，「すべてのチームメンバーは同じ情報を共有する必要があ

る」ということを，協調的活動の重要事項として学ぶことができる。

(4) 報告内容が十分に操船に反映されない例
　Singapore Strait を西航する VLCC の航海で観測された事例である。
　Baffalo Rock 沖を通過し，Raffles 灯台の沖を目指す航海中の状況である。二等航海士は狭水道通過のために，5 分おきの船位推定を目標として船位の確認をしていた。視程 1 マイルの狭視界状態である。見張り担当の三等航海士が，東航航路を航行する船舶が本船と接近する危険性を報告した。相手船までの距離はすでに 1 マイルに接近していた。船長は直ちに二等航海士に，VHF 連絡により相手船に避航行動を要求することを命じた。しかし，相手の船舶は SHELL SBM に向かう VLCC であり，航行の優先権を主張した。本船の衝突回避行動が必要となった。船長は直ちに左 30 度の舵角を指示し，左へ急旋回し，航行を続けた。その結果，本船は東航航路深くに侵入し，東航する新たな船舶と危険な状況となった。SHELL SBM に向かう VLCC との衝突を回避しているなかで，二等航海士は本船が航路分離帯に接近していること，三等航海士は東航航路上に東航船舶が接近しつつあることを報告していた。船長は眼前の危険回避に集中しており，これらの報告は伝わらなかった。
　この事例からは，「船長は各メンバーが行った仕事の結果を統合し，最終的な意思の決定を行う」ということを，船長の必要機能として学ぶことができる。

(5) チームメンバーの活動が不十分な例
　船長を含む 3 名の構成員で形成された BTM/BRM 研修で観測された事例である。
　三等航海士は見張りを担当していた。視程 1 マイルの狭視界状況で東京湾を出港する航海である。観音崎沖を 0900 に通過する VLCC で，伊豆大島の東を通過し，竜王崎灯台を変針目標として西航する計画であった。浦賀水道航路を出る頃には多くの東京湾内に向かう大型船と出会う状況である。次の変針目標は剣崎灯台である。本船が航海速力で南下を続けると，見張り担当の三等航海士から次々と北航船との行会い状況の報告が入ってきた。船長はその都度，交差状況を確認しつつ，衝突回避の操船を続けた。しかし，次々と出現する船

船を近距離で避航するため,実現できる最接近距離がつねに5ケーブルを下回る,危険な状況が続いた。このとき船長は,危険船の初認とその報告が遅いことに気付いた。船長は三等航海士に「初認時期を早くすること,そして迅速に報告すること」を要求した。三等航海士はRADAR/ARPAの使用レンジをつねに3マイルとしていたことに気付いた。近距離のレンジを使用している限り,他船の発見が遅くなることは必然である。しかし,視界が限られてくると,RADAR/ARPAの使用レンジは一般的に小さくなるものである。船長の指導により,その後の監視範囲は広くなり,初認の時期も早く,十分な時間的余裕のある避航行動が実現した。

　この事例からは,「船長はチーム構成員の行動に注意し,チームの活動をつねに最良な状態に保つ必要がある」ということを,船長の必要機能として学ぶことができる。

　以上の事例を通して,チームを活性化させて安全運航を達成するための必要条件をまとめてみる。

〔チームを活性化させるための必要条件〕

① チームリーダーはチームの活動の活性化に努める必要がある。
② すべてのチームメンバーは,割り当てられた任務を成し遂げる必要がある。
③ すべてのチームメンバーは,同じ情報を共有する必要がある。
④ チームリーダーは各メンバーが行った仕事の結果を統合し,最終意思の決定を行う。
⑤ チームリーダーはチーム構成員の行動に注意し,チームの活動をつねに最良な状態に保つ必要がある。

　以上に示した詳細な事例から,前述したチーム構成員が実行すべき機能,すなわち,**チームリーダーの果たすべき機能**,チーム構成員の**十分な情報交換**,円滑なチーム活動を確保するための**協調機能**,そして**分担する役割を十分に果**

たすことの重要性が理解できたであろう。前述したこれらの機能の内容を参照して，それを十分に理解し，実行することにより，効果的なチーム活動が達成される。上に再度提示したのは，事例を通して理解したことを，簡潔な指摘事項としてチーム活動実行時につねに念頭に置いて行動できることを目的としている。十分なチーム活動ができるまでは，メモとしてつねに携帯して役立ててもらいたい。

4.11 資源の有効活用

　最後に資源の有効活用について考える。これは，現時点において IMO でも Bridge Team Management と Bridge Resource Management の両文言を併用していることへの対応として記述するものである。BTM と BRM の指摘する内容についての説明はすでに述べているので詳細は省略し，Resource（資源）の活用という観点に限定して考察するのが本節の目的である。

　ここでは安全運航のために活用する資源を"物的資源"と"人的資源"に分けて考えることとする。

(1) 物的資源の活用

　物的資源とは，ブリッジ内で活動する海技者を除く，安全運航に貢献する資源を指す。代表的な資源としては，「ECDIS，RADAR/ARPA に代表される航海計器」「コンパス，船速計，舵角や回転数などの指示器」「書類」「VHF 無線電話」などが挙げられる。これらの資源の特徴は情報を提供する資源と総括される。

　船舶運航時，意思決定を行う際に必要となる情報を取得するため，計器類や書類から情報を抽出して，目的に合った情報に変換し，活用することとなる。このとき，情報を提供している源，すなわち発信源はどこか，さらにその発信源から提供される情報はどのような特徴・特性を有しているかを，正確に理解した上で活用することが必要である。

　たとえば ARPA の場合は，現実の状態が情報表示画面に現れるまでの時間の遅れがある。このような，情報の特徴・特性を正しく理解して使用しなければならない。船舶運航技術を維持するために，仕事の実践力の向上のための，技能の向上にのみ集中することは，誤りである。技能の向上には，十分な知識の修得が前提となることを忘れてはならない。

　一般に情報は複数の機器により提供されるが，海技者は複数の情報を統合して意思決定をすることが義務付けられている。現状は情報の提供のされ方がバラバラであり，かつ同様な情報が重複して提供されている。情報の提供方法に統一性がなく，系統化されていない状況にある。その背景には機器の発達の過

程が大きく関係していることと，全体的な見直しを十分に行って来ていない技術的な点と，搭載機器に関する規定の改定が十分でない点があると考えられる。しかしながら，海技者は現在の状況下で安全運航を維持することが要求されているのである。この点も，船舶運航において海技者に要求される技能の特徴である。

(2) 人的資源の活用

次に人的資源の有効活用について考える。人的資源の活用は主にチームリーダーである船長が担う割合が多くなるが，航海士も単独当直時はリーダーとなり人的資源であるHelmsmanやABを有効に活用（チームとして機能させる）しなくてはならないことは船長と同じである。

リーダーはメンバーの能力を査定し，メンバーの仕事の実行状況と負荷をつねに推定しなくてはならない。リーダーはこれらの情報を総合し，役割の分担・再分担を行わなくてはならない。

そして，操船局面毎にチームの目的，すなわちリーダーの意図をメンバーに伝えるとともに，チームがつねに必要とする活性度を達するために助言や注意を与えることが必要となる。チームリーダーもチームの一員であるから，次に示すメンバーの果たすべき機能も達成することが必要である。

チームメンバーとして求められる行動についてまとめる。チームの一員であるメンバーは，分担された仕事を完遂することが必要である。欠落が許される仕事は何一つないのである。そして，リーダーの意図や仕事の結果は，コミュニケーション機能を活用し，メンバー間で情報を共有することが求められる。また，互いに仕事の遂行状況を監視し，協調して行動することが必要である。

4.12 まとめ：BTM に必要な技能

Bridge Team Management の目的とする技能は次のとおりまとめることができる。これらはチーム活動を維持するために必要不可欠な技能の項目である。

(1) チームリーダーに求められる技能

- チームリーダーはチーム構成員全員に，チームが実行する目的達成の内容を明確に告知するとともに，目的達成に必要な行動を具体的に示さなければならない。
- チームリーダーはチーム構成員の技能を評価し，構成員全員の担当する仕事と仕事の内容を明確に指示しなければならない。
- チームリーダーはつねにチーム構成員の行動を監視し，チームの活動を活性化し，最良の活動状態を維持しなければならない。チーム構成員の行動状態は分担仕事の達成度と報告の頻度などにより判断できるので，チームリーダーはつねにそれを監視する必要がある。もしこれらの点に不十分な状況があるときは，これを促進するためのアドバイスや指示を行うことが，チームリーダーの機能として必要である。
- チームリーダーもチームの一員であることから，次に示すチームメンバーに求められる技能も必要である。

(2) チームメンバー求められる技能

ここに示すチームメンバーに求められる技能は，チームの一員としてチームリーダーも同様に満たさなければならない技能である。

- チームメンバーはチームリーダーの意向に従い，チーム全体の活動を活性化し，チームの目的達成に貢献しなければならない。
- チームメンバーはチームリーダーから指示された仕事を達成しなければならない。
- チームメンバーはチーム構成員全体が情報を共有するために有効な情報交換を実行することが必要である。

- チームメンバーはチーム内の各個人の行動によってチーム活動が円滑に実行されるように，つねに協調的行動をとることが必要である。

おわりに

　Management（管理）という言葉は多くの対象に使われている。時間の管理，金銭の管理，システムの管理，情報管理，そして組織の管理などである。以上あげた管理のなかで，管理の内容が最も不明確であり，そして近年最も重視されているものが**組織の管理**である。「組織」に対応する英語は「システム」であることを考えると，システム管理と組織管理を明確に分離して考える必要があるだろう。本書では，**システム管理**のシステムを構成する要素として，各種の物理的要素，すなわち機械や工作部品を考えることとした。これに対して，**組織管理**とは，組織を構成する要素は人間と考え，複数の人間が１つの目的を達成するために行動する集団が，より効率的かつ確実に目的を達成するために必要な機能と考えることとした。

　本書で扱う内容は人間で構成される組織の管理である。複数の人間が，組織として設定した目的を達成するためには，どのような機能が必要かを考えることとした。目的の達成に至るために必要な機能が簡単であるとき，すなわち目的を達成するために行うべき仕事が簡単な場合には，１人の人間の行動によって達成できる。しかし，仕事の量が多く，複雑な場合には，１人の人間の働きでは目的が達成できなくなる。現代の社会において，多くの会社や団体が多くの人材を擁して活動している状況がこれに該当する。

　著者はしばしば，チーム活動の特性を以下のような例を示して説明する。ここに１軒の八百屋があるとしよう。店の規模が小さいうちは仕入れ，野菜の陳列，値段付け，接客，帳簿付け，これらすべてを店主１人で行っていた。この店の評判が良く，しだいに品数も増え，客も増えて，ついには野菜や果物だけでなく，各種の商品を扱うスーパーマーケットに発展したとしよう。大規模な商店は従業員も多くなり，仕入れ担当，宣伝担当，販売担当，レジ担当，金銭管理担当など，多くの部門がそれぞれの機能を分担して，商店としての目的を達成しなければならなくなる。これが，複数の人間により目的を達成するための**組織**が形成された状況である。個々の専門分野に分割された部署が目的達成のために行わなければならない機能，すなわち働きとは何であろうか。この

ように考えていくことにより，組織が目的達成のために保持しなければならない機能が理解されてくる。当然，各担当部門は仕入れを行い，宣伝を行い，資金管理などを行うことになる。これら個々の部門が行う仕事はそれ自身大切であるが，部門毎に独立して活動できるわけではない。需要の状況により仕入れの品物を決定し，仕入れの状況により宣伝を行い，販売方法の工夫も必要となる。すなわち，部門間の連携が必要になる。

担当者間の連携は，組織の大小にかかわらず，複数の人間が共同して目的を達成するときに，必要となるものである。複数の人間が共同して仕事をするときに必要となる機能が，組織の目的達成に必要な機能として定義される。これが組織管理として指摘される機能である。

本書では，船舶の安全運航を実現するために，組織として活動するときの必要な機能を説明した。ここに紹介された組織として目的を達成するための機能は，船舶の安全運航のためにのみ適用されるものではなく，組織として活動する社会のさまざまな状況においても，普遍的に展開できるものであることを指摘して，第II部を閉じることとする。

第Ⅲ部
BTM／BRMの技能養成訓練

第1章　訓練体制
第2章　BTM訓練の構成
第3章　BTM訓練の事例

はじめに：知識と技能

　第 III 部では，操船シミュレータを用いた BTM/BRM 訓練のモデルコースの内容を説明する。ここでは，研修の実施に先立ちインストラクターが具備すべき基本知識について説明する。訓練の目的は必要技術の達成能力（これを技能と呼ぶ）の向上である。研修者の技能を正確に計測し，把握することが，インストラクターの基本要件である。そして技能はどのように向上していくかを理解していることが必要である。以下に，技能の向上過程について説明する。

　技術達成の能力については，知識と技能を分けて考える必要がある。知識は何が必要な技術かを知ることであり，技能は必要な技術を達成する能力と考えられる。安全な運航を実現するためには，必要な技術を達成する技能が必要であるが，そのためには必要な技術を知る知識の獲得段階が先行することとなる。したがって，安全運航実現のためには，まず知識の獲得，そして次にそれを実行する技能が必要となる。ここで大切なのは，知識はあってもそれを適切に実行する技能がなければ，安全運航には貢献できないということである。技能の完成が必要であることを強調しておきたい。

　図 III-0-1 は BTM 訓練中における訓練生の BTM に関する知識および技能レベルの変化に関する概念図である。

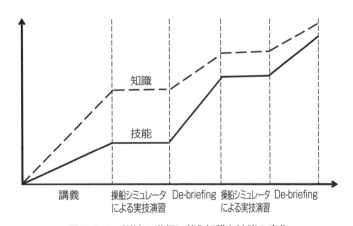

図III-0-1　訓練の進行に伴う知識と技能の変化

図は知識と技能が訓練課程のなかで上昇していく過程を表している。横軸は訓練の経過時間を示している。縦軸は時間経過に対する知識，技能のレベルを示している。図では知識も技能も原点，すなわち「ゼロ」からスタートしている。しかし，一般には，訓練の初期段階から，ある程度の知識や技能があるので，「ゼロ」から始まるわけではない。

　訓練課程の最初に行われる講義においては，主に知識が向上する。一方，技能は講義において大きく向上することは期待できないのが通常である。操船シミュレータによる実技演習により技能の向上を計画する場合を考えよう。講義終了後に操船シミュレータによる実技演習を行うこととなるが，この間，研修者は保有する知識・技能を用いて当直業務を行っている。したがって，知識・技能は一定のままで，向上することはないと考えるのが妥当である。すなわち，操船シミュレータを用いた実技演習の目的は，実船の運航状況と類似した環境をつくり，操船者が実船の船橋内と同様に行動し，その行動を観察することによって研修者の技能を評価することにある。

　研修において知識と技能が向上するのは De-briefing の期間である。インストラクターは操船シミュレータを用いた実技演習中に研修者の会話と行動を観察し，評価リストに基づいて技能を査定している。この査定は，どの程度チームメンバーとしての役割を果たし，チーム全体に必要な機能や活性化に必要な機能を達成したかを評価することを目的に実施されている。De-briefing 時には，インストラクターは必要な機能を達成するための技能を向上させるために必要なアドバイスを行う。インストラクターは，研修者の行動が目的とする行動を満たしているか，あるいは欠落部分や不十分な点があるかを評価している。欠落や不十分な点があるときは，それが安全運航実現の阻害要因となることを説明し，望ましい行動の形態とその根拠を説明する。必要があるときには，講義形式で基礎的な事項から解説することもある。このように操船シミュレータを用いた実技演習において，De-briefing は研修の有効性を決定する重要なプロセスである。De-briefing 時に指摘される事項を受け入れ，理解し，納得するように努めることが，技能向上のためには必要である。研修者は不明な点を必ずインストラクターに確認することも必要である。

第1章

訓練体制

　この第 III 部では，具体的な Bridge Team Management 技能の教育・訓練方法について述べる．本章では，技能育成のための教育体制と，BTM 技能育成の目的を解説する．第2章では，BTM 訓練の内容構成について，教育訓練の詳細とその日程を解説する．合理的な訓練構成の必要性を理解することが目的である．第3章では，訓練を実施するための BTM/BRM 訓練の事例を紹介する．これにより，具体的な訓練実施体制を理解することを目的としている．第 III 部の解説により，実際に訓練を実施するに当たって整えるべき体制と，訓練の実施方法が理解されるであろう．

1.1　概要

　ここに紹介するのは第 II 部において解説した BTM/BRM の必要技能の内容に基づいて開発された教育訓練のモデルコースである．このコースは日本航海学会・操船シミュレータ研究会において，「BTM/BRM 訓練に関する教育・訓練を，操船シミュレータを用いて実施する場合の標準的モデルコース」として認証されている．

　このコースは講義と演習，ならびに操船シミュレータによる実技演習より成立している．講義は安全運航に必要な**基本技能の説明**と，**Bridge Team** 活動の**意義**と**必要技能**について重点的に行われる．また，航海計画の作成と船舶の操縦性能に関する講義も行われる．航海計画については，操船シミュレータによる実技演習の海域を対象として，海図を用いて演習を行う．

　操船シミュレータによる実技演習に先立ち，操船シミュレータの船橋におい

て，インストラクターの指導により，模擬船橋内の航海機器の利用法，外部機関との情報交換の方法について予備研修が行われる．

操船シミュレータによる実技演習は，操船の困難度が段階的に大きくなるように計画・実施されている．また，**操船シミュレータによる実技演習の内容はBridge Team 活動の意義と必要技能が表面化する航海状況において実施される**．主機や操舵系統の故障，他の航行船舶の異常行動のある状況の他，水先人乗船時の操船状況も含まれている．

実技演習は Captain briefing，操船シミュレータによる操船実技演習，その後の実技に対するインストラクターによる De-briefing により構成される．

研修者はこのコースを通して，航海当直時の Bridge Resource Management と Bridge Team Management に関する必要技能を修得するとともに，Bridge Team 活動の重要性と，Bridge Team を活性化する具体的技能を学ぶこととなる．

1.2 教育訓練の目的

　ここに紹介するBTM研修を受講する目的は次のとおりである。1人の海技者による航海当直によっては航行の安全が担保できない状況，すなわち，輻輳する海域や狭水域あるいは悪天候により航行が困難な状況において，**複数の海技者により航海当直を行う場合**の，海技者が達成すべき技能を修得する。

　このコースを修了した研修者はBridge Team活動の意義と必要技能を次のとおり修得することとなる。

① 複数の海技者により安全な運航を共同して行うために必要な技能を修得する。
② 複数の海技者に分担された仕事を確実に実行することの重要性を理解し，実行する。
③ 複数の海技者が共同で仕事をするときに，各自の行動の協調性の必要性を理解し，実行する。
④ 複数の海技者が共同で仕事をするときに，各自に分担された仕事の結果の報告や，本船の置かれた状況に対する意識・認識の共有のために必要な，コミュニケーションによる意思疎通の重要性を理解し，実行する。
⑤ 複数の海技者により構成されるチームのリーダー役を担当する海技者は，チームリーダーが実施する必要がある判断行動の重要性と，チーム活動活性化のために行うべき事項を理解し，実行する。

1.3 BTM訓練の目的を達成するための条件

　本節では，BTM訓練を効果的に実施するための方法について述べる。効果的訓練とは，研修者が訓練の目的を理解し，必要な知識を修得し，知識に基づく行動を実践できることを実現する訓練である。このためには，研修者の意識がつねに目的に向かっていることを確認するとともに，自発的に技能向上の指向性を持たせる体制をつくることが必要である。

(1) BTMの内容の理解

　第一に，BTM訓練の目的は通常のスキル訓練とは異なることを，研修者に理解させる必要がある。このためには，<u>通常のスキル訓練は単独当直時において安全な航海を実現するために必要な技能を養成するものである</u>ことを理解させる必要がある。単独当直時において安全な航海を実現するために必要な技能ついては，第Ⅰ部に詳しく解説されている。

　BTM訓練の主題は<u>チームの機能を維持し，活性化することである</u>と理解する必要がある。<u>単独当直時に必要となる技能と，チーム活動の場合において必要となる機能とを明確に分離することができなければ</u>，この重要な点を明確に教授することはできないであろう。安全な航行を実現するために必要な技術は**要素技術展開**により明確に整理されているので，この概念を用いて解説することが有効である。第Ⅰ部において述べたとおり，要素技術展開においては船舶の安全運航に必要な機能を9項の要素技術に大別している。このうち，航海計画，見張り，船位推定，操縦，法規遵守，情報交換，機器取り扱いに属する技術は，単独当直においても必要とされる技術である。BTMの研修においては，第9項の「管理」が主な教育訓練技能となる。管理技術は管理する対象により技術内容が異なる。重要な点は，船橋に配備された人材が，チーム活動を活性化するための機能を果たすことであり，それがBTMの目的となる。

　研修においては，BTMの目的を研修者が理解できるように努力しなければならない。

(2) 安全運航に必要な BTM の理解

　研修者は BTM の目的を理解するとともに，BTM の必要性を同時に理解する必要がある．必要性の理解が欠けると，BTM の目的を達成する意欲が向上せず，目的達成の努力は期待できないであろう．

　BTM の必要性は，BTM の欠如による事故の分析結果を考察することによって理解が容易となる．BTM が欠如したために発生したとされる事故原因を分析すると，多くの事例で，必要な機能を達成しているにもかかわらず，チーム全体としては船舶運航に必要な機能が通常の単独当直時を下回る状態になっていることがわかる．すなわち，チームが必要とする機能を達成するためには，単独当直時において必要となる**基本的な運航技術を達成することに加えて，チーム全体が 1 つの組織として安全な運航を実現するための機能を果たす必要がある**．

　組織として必要な機能を達成するためには，複数のチーム構成員により必要な技術が分担実行された結果を統合し，安全な運航を実現するために活用することである．分担して実行する必要な機能，すなわち仕事を行い，結果を得るところまでは，基本的な運航技術に該当する．しかし，分担して実行された機能を運航に反映する機能は，チームとして活動するときに必要となる機能である．チームの活動は単に仕事を分担して行うこと，と理解するのは誤りである．このような理解でチームへ参加しても，チーム活動全体を対象とする行動はとれない．自分の仕事だけをしていればチームメンバーとしての役割を果たしていることになると考えているのは誤りであると意識させることが必要である．以上の点を理解することが，BTM の必要性を理解しているか否かの差異として現れることとなる．

　BTM に必要な機能ついては第 II 部で詳しく述べているので，研修者に説明するために活用するとよいであろう．

1.4 研修の体制

(1) 受講資格

ここで紹介するコースの受講者は，外航船に乗務する海技者を対象としており，最低1年の乗船履歴を有する必要がある。とくにチームリーダーとしてコースを受講する者は，最低6年の乗船履歴を有し，一等航海士あるいは船長の経験を有することが必要である。この条件は，受講者全員が安全運航に必要な機能を分担実施できる能力を有する必要があるためである。

乗船履歴における船種，就航海域は限定しないが，研修参加者が経験のある船種・海域を対象とする実技演習内容を用意することが望ましいといえる。なぜならば，**本研修コースの目的はチームを構成する1人1人の構成員が，チーム活動へ有効に機能できる技能を修得することにある**。したがって，経験のない船種や航行海域であるがために，船舶運航技術自体に未熟な部分があることは適当ではない。このような状況では，本来保有するチーム活動機能が発揮できない状態になりがちである。結果として，研修者のチーム活動に対する技能を評価することが困難になってしまう。研修の目的は，経験のない船種や航行海域に対して習熟することではなく，チーム活動に必要な機能を理解し，修得することである。研修目的を確実に達成するためには，参加する研修者の能力と経験を考慮した体制を維持することが必要である。

(2) コース修了証の発行

本コースを受講し，所定の技能があると評価された者には，「日本航海学会操船シミュレータ研究会のBTM/BRM訓練に関する教育・訓練の標準コース（平成25年6月）」の基準に適合するBRMならびにBTMの研修コースを修了したことを証明する証書が発行される。

なお，研修者が研修期間中に所定の技能レベルを達成できない場合は，研修期間を延長して再度の技能検定を行うことも可能である。

(3) 受講研修者の人数

本コースは，3回の操船シミュレータによる実技演習を含み，各実技演習で

は 3～4 名の海技者が研修対象となる。したがって，6～8 名の研修者が参加する場合は 2 グループを構成し，合計 6 回の実技演習を実施する。この場合は参加者を A と B のグループに分け，A グループが操船シミュレータによる実技演習を実施しているときは，B グループは別室にてその操船状況を見学する。操船と見学は各グループが交互に行い，De-briefing には両グループ全員が参加してインストラクターの説明を受講する。2 グループで研修を行う場合，講義と演習は両グループ同時に実施するが，実技演習は上記のように別々に行われるので，研修期間は長くなる。

　本コースは最低 3 名のチーム構成で行うことにより，効果的な訓練を行うことができる。したがって，5 名の参加者による訓練の場合には，1 名の参加者が A，B 両方のグループに所属することにより，効果的な訓練が達成できる。

(4) インストラクターの資格

　インストラクターは講義，演習，操船シミュレータによる実技演習のすべてにかかわり，次の項目を実施できる能力を有することが必要である。

① 適切な研修コースを制作することができる
② BTM と BRM に必要な技能を理解している
③ 安全な運航を達成するために必要な技能を理解している
④ コース内に計画されている講義を行い，質問に対して適切な回答ができる
⑤ 技能評価項目に設定されている内容を理解し，研修者の行動からその技能を評価できる
⑥ 操船シミュレータによる実技演習の後，De-briefing において研修者の技能に基づき適切な解説ができる

　以上のインストラクターとしての能力を養うためには，日本航海学会・操船シミュレータ研究会が開催する「インストラクター研修」を修了する必要がある。この研修は随時実施されており，同研究会事務局から開催日程などを入手できる。

〔第 III 部〕BTM/BRM の技能養成訓練

日本航海学会・操船シミュレータ研究会が開催するインストラクター研修においては，以下の講義と演習が実施されている。

〔講義内容〕
① 船舶運航技術の体系化と要素技術展開について
② BTM/BRM に必要な技術について
③ 操船シミュレータを用いた教育訓練のシラバスの作成方法について
④ 操船シミュレータを用いた教育訓練における教材の作成について
⑤ 操船シミュレータを用いた教育訓練におけるシナリオの作成方法について
⑥ 操船シミュレータを用いた教育訓練における技能評価方法について
⑦ 操船シミュレータによる実技演習後の De-briefing を効果的に実行する方法について
⑧ 航海計画の作成方法について

〔演習内容〕
① 操船シミュレータを用いた教育訓練における教材の作成
② 操船シミュレータを用いた教育訓練におけるシナリオの作成
③ 操船シミュレータを用いた教育訓練における技能評価リストの作成
④ 航海計画の作成

本研修を修了することにより，インストラクターとして必要な前述の能力を修得することができる。

(5) 研修を実行するための要員

本コースを実行するためには，所定の能力を有する次の要員を必要とする。

- インストラクター：インストラクターの資格を有する者 1 名以上が必要である。
- シミュレータオペレータ：操船シミュレータによる実技演習時に，操船シミュレータを操作し，研修の目的を達成するためにインストラクターを補佐する者 2 名以上が必要である。

(6) 教育訓練装置

　このコースを実行するためには操船シミュレータを用いる必要がある。

　操船シミュレータには通常の船舶が装備する以下の航海機器と，船体運動を制御する制御機器を有することが必要である。

- 情報表示機器：船首方位を示すコンパス，船速を示すログ，舵角指示計，回頭角速度計，機関回転数表示器，プロペラ回転数表示器，CPP装備船においてはプロペラピッチ表示器，相対風向・相対風速指示器，RADAR / ARPA など
- 情報交換機器：船内各所と通話できる電話機，船外と情報交換するための VHF 無線電話装置，汽笛など
- 船体運動制御機器：操舵装置，機関制御装置，サイドスラスタ制御装置
- その他：海図机を含む海図記入に必要な機材，航海灯点灯操作装置ならびに表示装置

　操船シミュレータは模擬する船舶の運動を正しく再現することが必要である。また，模擬船橋からは航海状況を目視できることが必要であるから，現実的な映像として再現できる視界再現装置を有することが必要である。対象訓練海域を航行する多数の他船を配置し制御できる機能も有する必要がある。また，船橋内の研修者の行動と会話をモニターする機器を有することが望ましい。

(7) 教育資材

　このコースを実行するために，本書のほか，次の資材を装備・提供することが必要である。

- 海図，海図机
- 操船シミュレータによる実技演習において航行する海域の情報図
- ログブック
- 音声・行動モニタリング装置
- 音声・行動記録装置
- 講義と De-briefing の効果を挙げるために，PC ならびに投影装置

第2章
BTM訓練の構成

2.1 コースの時間割

(1) 教育訓練の日程

本教育・訓練コースは以下の日程を基本とするが，受講者の能力に応じて延長することができる。しかし，短縮することはできない。

〔第1日目〕
① 単独当直において安全運航に必要な技能を総括し，実践できる能力を確認するとともに，不足する技能については講義を通して理解する。
② 第2日目以降に実施する操船シミュレータによるBTM/BRM研修における操船内容について航海計画を作成する。

〔第2日目〕
① BTM/BRMにおいて必要となる技術を座学で修得する。また事故事例を解析する演習により，BTM/BRMの重要性を理解する。
② 操船シミュレータにおいて操船する本船の特性を座学にて理解する。
③ 操船シミュレータにおける船橋内部の機器に習熟するために，操船シミュレータを用いて機器操作方法を実習する。
④ 操船シミュレータにおいて操船する本船の操縦運動特性を，操船シミュレータを用いて習熟する。
⑤ その後，操船シミュレータにより，BTM/BRM研修(1)を実施する。

〔第 3 日目〕
　① 操船シミュレータにより，BTM/BRM 研修（2）を実施する。
　② 操船シミュレータにより，BTM/BRM 研修（3）を実施する。
　③ 研修終了後のアンケート調査

　操船シミュレータによる実技演習は，操船の困難度が段階的に大きくなるように計画・実施する。また，実技演習の内容は Bridge Team 活動の意義と必要技能が表面化する航海状況において発生する事象を対象としている。さらに，主機や操舵系統の故障や，他の航行船の異常行動のある状況の他，水先人乗船時の操船状況を含むケースもある。

(2) 教育訓練の方法と所要時間
　本コースにおける教育訓練の実施スケジュールの一例を以下に示す。実施に当たっては，多少の相違はあるにしても，講義ならびに操船シミュレータによる実技演習の時間は，ここに示すスケジュールと同等の時間以上を使用することを基準とする。

〔第 1 日目〕
　① 講義：2 時間
　　　　本コースの概要説明と安全運航の成立条件について
　② 講義：2 時間
　　　　安全な船舶運航に必要な技術について
　③ 講義：2 時間
　　　　航海計画の作成方法について
　④ 演習：2 時間
　　　　第 2 日目以降の操船シミュレータによる実技演習において航行する，3 航海の航海計画を海図上で作成する。作成に当たっては，チームリーダーの航海計画に基づき，チームメンバーは必要な情報を収集し，安全な航行を実現するための情報を海図上に記載する。

〔第 2 日目〕
  ① 講義：2 時間
     ブリッジチームを組織する背景と理由について
  ② 講義：2 時間
     安全運航を実現するために必要なブリッジチームの機能について
  ③ 講義と実習：2 時間
     船舶の操縦性能と操船法についての講義と，操船シミュレータによる船橋機器の取り扱い方法と操船の実習
  ④ 操船実習：2 時間
     チームリーダーの Captain briefing と，操船シミュレータによる実技演習後のインストラクターによる De-briefing を行う。

〔第 3 日目〕
  ① 操船実習：4 時間
     チームリーダーの Captain briefing と，操船シミュレータによる実技演習後のインストラクターによる De-briefing を行う。
  ② 操船実習：4 時間
     チームリーダーの Captain briefing と，操船シミュレータによる実技演習後のインストラクターによる De-briefing を行う。
  ③ 研修終了後のアンケート調査：30 分
     研修終了後，研修の効果確認と内容改善のために，研修者の研修技術に対する意識調査と，研修方法に対する意見や希望に関するアンケート調査を行う。

(3) 技能の評価方法
  このコースの実施に当たっては，コースの目的とする技能の達成度を，具体的・定量的に評価する必要がある。技能の評価は評価者の主観によらず，つねに客観的に行うことが必要である。このために，研修を計画する時点で，技能の評価項目に基づいて，操船シミュレータによる実技演習シナリオ毎に，シナリオの進行に準拠した技能評価リストを作成し，これに基づいて受講者の技能

を評価する必要がある。

コースの目的とする技能の項目は次のとおりである。

① チームリーダーに必要な技能
- チームリーダーはチーム構成員全員にチームが実行する目的達成の内容を明確に告知するとともに，目的達成に必要な行動を具体的に示さなければならない。
- チームリーダーはチーム構成員の技能を評価し，構成員全員の担当する仕事と仕事の内容を明確に指示しなければならない。
- チームリーダーはつねにチーム構成員の行動を監視し，チームの活動を活性化し，最良の活動状態を維持しなければならない。チーム構成員の行動状態は分担する仕事の達成度と報告の頻度などにより判断できるので，チームリーダーはつねにそれを監視する必要がある。もしこれらの点に不十分な状況があるときは，これを促進するためのアドバイスや指示を行うことがチームリーダーの機能として必要である。したがって，評価に当たってはチームリーダーがチームメンバーの状況を把握し，必要に応じて活性化させる行動をしているかを判定する。
- チームリーダーもチームの一員であることから，次に示すチームメンバーに求められる技能も必要である。

② チームメンバーに必要な技能

ここに示すチームメンバーに求められる技能は，チームの一員としてチームリーダーも同様に満たさなければならない技能である。
- チームメンバーはチーム構成員全体が情報を共有するために有効な情報交換（Communication）を実行することが必要である。
- チームメンバーは，チーム内の各個人の行動がチーム活動を円滑に実行できるように，つねに協調的行動（Cooperation）を実行することが必要である。
- チームメンバーはチームリーダーの意向に従い，チーム全体の活動を活性化し，チームの目的達成に貢献しなければならない。

- チームメンバーはチームリーダーから指示された仕事を達成しなければならない。

　上記の各評価項目はチーム活動を維持するために必要不可欠な技能を評価するための項目である。各評価項目の対象となる行動が操船シミュレータによる実技演習中に繰り返し要求されるように，訓練シナリオは作成されている必要がある。技能評価は評価項目対象の行動が要求されるたびに実施する。技能評価の対象行動が要求される状況をシナリオの進行に従って記載した評価リストを作成することにより，適切な評価ができる。このために評価リストを作成する必要がある。また，評価者による評価の差異が生じないように，評価の基準についてあらかじめ話し合う必要がある。

　評価対象技術は，シナリオ内に含まれる種々の状況下で繰り返し取り上げられる。したがって，操船シミュレータによる実技演習後，評価結果を集計することにより，定量的に必要技能の達成度が確認できる。第 III 部の最後に評価リストの例を示している。これを参照することにより，異なる事象において，繰り返し同様な評価項目が示されていることが理解できるであろう。

　操船シミュレータによる実技演習後に算出される達成度は，3 回の実技演習毎に求められる。3 回の達成度を比較することにより，技能の向上度を定量的に評価できることとなる。

　以上の技能評価の結果に基づいて De-briefing を行い，操船シミュレータによる実技演習中の不十分な行動を是正することにより，研修者の技能向上を図ることとなる。

2.2 教育訓練の詳細

(1) 教育訓練シラバス

　教育訓練は座学と操船シミュレータによる実技演習，ならびに実技演習後の De-briefing により構成される。座学は講義と演習によって行われ，講義は安全運航に必要な基本技能の説明と，Bridge Team 活動の意義と必要技能について重点的に行われる。Bridge Team 活動の意義と必要技能についての講義においては，単独当直と複数の海技者によるチームによる当直の内容の違いを理解し，チームによる当直に必要な機能を理解することを目的とする。また，航海計画の作成と船舶の操縦性能に関する講義も行われる。航海計画については，操船シミュレータによる実技演習の海域を対象として海図を用いて演習を行う。

　操船シミュレータによる実技演習では，チーム活動において重要な要素となる，チームリーダーによる安全運航達成のための Captain briefing を，実技演習に先立ち実施させる。続いて，操船シミュレータによる実技演習を行う。この実技演習の目的は，必要技能に対して研修者が有する技能を評価することにある。したがって，研修者の技能評価はチームリーダーによる Captain briefing 実行段階から行い，チームリーダーとして，安全運航達成のために必要な事項をチームメンバーに説明できたかを評価する。一方，チームメンバーはチームリーダーの指摘する内容を十分に理解するとともに，積極的に安全運航達成のための確認・発言が行えているかを評価する。チームリーダーによる Captain briefing は，実技演習の直前に行われる。

　操船シミュレータによる実技演習の実施中は，**インストラクターは研修者の行動と会話を観察し，研修者の技能を評価することに専念し，研修者の自発的な行動を一切妨げてはならない**。これにより，研修者は実船と同等の環境条件のなかで，通常どおり，船舶運航に必要な行動をとることとなる。通常どおりの研修者の行動を観察することにより，研修者が有する技能を正しく推定・評価できることとなる。技能の評価は，評価者の主観や記憶による影響を受けない方法によらなければならない。このため，評価者は研修に先立ち，操船シミュレータによる実技演習の内容に従った評価リストを作成することが必要で

ある.評価者の主観によらない客観的評価を実施するために,シナリオ作成段階で,評価の基準についてインストラクター間で合議することが必要である.

操船シミュレータによる実技演習後の De-briefing は,実技演習中に行われたインストラクターによる研修者の技能評価に基づいて行われる.このとき,研修者が指摘項目を十分に受け入れるために,操船シミュレータによる実技演習中の行動映像や航行記録などを示すことが有効である.

(2) 講義の詳細

BTM/BRM に関する技能育成のための研修においては,研修の目的である技能に関する知識と技能の達成方法について講義することとなる.本項では,2.1 節の (2)「教育訓練の方法と所要時間」における説明に従って,講義の内容と,参考となる本書の箇所について記載する.

〔第 1 日目〕
① 講義:本コースの概要説明と安全運航の達成条件について
- 本コースの概要説明
  日程ならびに研修スケジュールの説明
  本コースの位置づけ
  本コースにおける技能向上の対象とする技術について
- 安全運航の成立条件
  (参考箇所:第 II 部第 2 章「安全運航の実現に関係する要因」)
  安全運航の実現に関係する要因について
  環境要因について
  海技者の技能要因について
  安全運航の成立条件について
  環境要因の変化と,航海の安全性の変化について
  海技者の技能要因の変化と,航海の安全性の変化について
② 講義:安全運航に必要な船舶運航技術について
  (参考箇所:第 I 部「船舶運航技術の解説」)
    船舶運航技術の分析

　　　　STCW 条約に記載されている船舶運航の技術について
　　　　重要な船舶運航技術の整理
　　　　船舶運航技術の要素技術展開について
　③ 講義：航海計画の作成方法について
　　（参考箇所：第 I 部 2.1 節「航海計画の立案」）
　　　　航海計画の立案のための準備
　　　　航海計画立案の重要点
　　　　沿岸と制限水域における航海計画
　　　　海図上での計画の記述方法
　④ 演習：操船シミュレータによる実技演習において使用される航海計画を海図上に作成する

〔第 2 日目〕
　① 講義：ブリッジチームの組織化の背景理由について
　　（参考箇所：第 II 部第 3 章・第 4 章）
　　　　安全運航の成立条件について
　　　　BTM と BRM の関係
　　　　BTM の必要性
　　　　BTM 訓練の必要性
　　　　Team Management の起源
　② 講義：安全運航の実現のために必要なブリッジチームの機能について
　　（参考箇所：第 II 部第 3 章・第 4 章）
　　　　Team の形成理由
　　　　Team Management の必要機能
　　　　情報交換（Communication）の意義
　　　　協調的活動（Cooperation）の意義
　　　　資源の有効活用について
　③ 演習：Team Management 不足による事故の原因分析
　④ 講義と実習：船舶の操縦性能と操船法についての講義と，操船シミュレータによる船橋機器の取り扱い方法と操船の実習

- 船舶の操縦性能と操船法についての講義
    操縦性能を示す代表的なデータについて
    操縦性能データの操船への利用方法について
- 船橋機器の取り扱い方法
    RADAR / ARPA の特性と取り扱い方法について
    VHF 無線電話などの通信装置の取り扱い方法について
    操舵装置，機関操作装置の取り扱い方法について
    その他，船橋内機器の取り扱い方法について
- 操船の実習
    チームリーダーは操船シミュレータにおいて再現される本船となる船舶の操縦特性を理解するための予備研修を行う。予備研修では主機ならびに舵を操作し，その性能を実体験することにより本船の性能を理解し，その後の操船シミュレータによる実技演習に反映できる技能を取得する。その間，チームメンバーは船橋内の機器取り扱いおよび外部との通信方法などを熟知するための練習をする。

(3) 教育訓練の目的と各講義の関係

1.2 節「教育訓練の目的」において，このコースを修了することにより修得される「Bridge Team 活動の意義と必要技能」として，以下の 5 項を挙げた。

① 複数の海技者により安全な運航を共同して行うために必要な技能を修得する。
② 複数の海技者に分担された仕事を確実に実行することの重要性を理解し，実行する。
③ 複数の海技者が共同で仕事をするときに，各自の行動の協調性の必要性を理解し，実行する。
④ 複数の海技者が共同で仕事をするときに，各自に分担された仕事の結果の報告や，本船の置かれた状況に対する意識・認識の共有のために必要な，コミュニケーションによる意思疎通の重要性を理解し，実行する。
⑤ 複数の海技者により構成されるチームのリーダー役を担当する海技者

は，チームリーダーが実施すべき判断行動の重要性を理解し，実行する。

　それぞれの目的とする技術に対する知識は各講義において説明されるが，①については第1日目の講義「安全運航に必要な船舶運航技術について」と「航海計画の作成方法について」において解説される。②は第1日目の講義「安全運航の達成条件」において，③，④，⑤については第2日目の講義「ブリッジチームの組織化の背景理由について」と「安全運航の実現のために必要なブリッジチームの機能について」において解説される。

(4) 訓練の詳細

　操船シミュレータを用いるBTM/BRMの研修は，2日目と3日目の2日間にわたり実施する。事前の講義により，BTM/BRMの必要性と，十分なBTM/BRMを達成するために必要な技術内容については，知識ベースとしては理解されたこととなる。実技演習の目的は，その知識を技能として行動にどのように表すかを修得させることである。

　実技演習を効果的に実行し，研修者が知識と技能を修得するためには，以下の①～④が訓練に含まれていることが必要である。

　① 実技演習直前のインストラクターによるPre-briefing
　② チームリーダーによるCaptain briefing
　③ 操船シミュレータによる実技演習
　④ 実技演習直後のインストラクターによるDe-briefing

以上の4項を1セットとして，2日間で3セットの操船シミュレータによる実技演習を実施する。上記各項において考慮すべき内容について詳述する。

　① 実技演習直前のインストラクターによるPre-briefing
　　　実技演習直前のPre-briefingでは，海図上での航行開始点と到着予定点の指定を行う。加えて，操船開始時点における気象・海象の説明，船内外との情報交換方法の確認，その他，航行中に実施すべき事項，たとえば海上交通センターとの連絡，パイロットステーションへの連絡など，シナリオに対応して指示することもある。

② チームリーダーによる Captain briefing

操船シミュレータによる実技演習時に，チームリーダーによる Captain briefing を行う教育訓練上の目的は，チームの達成すべき目的をリーダーがどのように計画するか，またその計画内容をメンバーに通知し，計画を実行するためにメンバーが実行するべき機能を正しく告知するかを評価することにある。この時間帯に実行すべき内容としては，リーダーは航海計画を海図で確認するとともに，リーダーの行動規範を示すことである。リーダーは関係する項目を確認し，必要な説明をメンバーへ実施する。これらの仕事を行う過程でリーダーの技能を評価する。

また，この間に評価するべき対象はリーダーのみでなく，チームメンバーのチーム活動への姿勢も評価の対象となる。

〔チームリーダーに対する主要な評価項目〕
- 目的達成のために合理的な計画を作成したか？
- 自身の立てた計画内容をメンバーに適切に説明したか？
- 個々のメンバーに対して適切な役割分担をしたか？
- 個々のメンバーが分担した仕事を実行するときの注意点を説明したか？
- メンバー各自にチーム活動のために必要となる点に関して説明したか？

〔チームメンバーに対する評価項目〕
- リーダーの計画と計画内容の意図を理解したか？
- 必要な助言・注意をリーダーに対して行ったか？
- 分担する役割の内容を理解し，実行に際しての注意事項を確認したか？

③ 操船シミュレータによる実技演習

操船シミュレータによる実技演習の目的は，研修者の BTM/BRM にかかわる技能の評価にある。したがって，実技演習に用いられるシナリオ内では，BTM/BRM にかかわる技能の達成が必要となる事象を，繰り返し発生させることとなる。各事象毎に評価者は研修者の行動や会話をモニタし，BTM/BRM にかかわる知識と技能を評価することとな

る。

　操船シミュレータによる実技演習の実行に当たっては，研修者の技能評価ができるように，予定された事象の再現が必要であり，これはインストラクターの責任である。予定された事象は訓練者の行動・操船により容易に計画とは異なる状況となるから，インストラクターは評価とともに事象の推移についてもつねに観察し，予定事象の再現を図らなければならない。

④ 実技演習直後のインストラクターによる De-briefing

　研修効果の是非は De-briefing の内容によって決まる。研修の効果とは，研修者の技能・意識が研修を通して向上することを意味している。まず，研修者が研修対象となる技能向上の重要性を認識することである。そのためには，研修者の行った行動に不十分な点があり，それにより安全性が損なわれた事実があれば，この点を指摘することが必要である。また，研修者の行った行動に不十分な点はあるが，これにより安全性が損なわれた事実が研修中には明らかでない場合，講義の内容を再び示し，不十分な行動が安全を損なう可能性を高める事実を再度指摘することなどが有効である。その際には，研修中の研修者の行動を記録した映像を再生し，行動の事実を確認させた上で指摘することが，研修者の納得度を高めるために有効である。この点からも，研修者の行動を録画できるシステムを操船シミュレータが有することが必要となる。

　研修中に研修者の技能をすべて望ましい水準まで高めることは，時間的制約から困難な場合もある。しかし，操船シミュレータを用いる訓練は 3 回実施されるので，研修の進捗に従い技能の向上があるかを評価し，De-briefing 時に向上の程度を指摘し，研修者に目標を与えることが有効である。とくに初回の操船シミュレータによる実技演習で多くの不十分な点が検出された場合には，技能達成の重要度を勘案し，一時に不十分な点をすべて指摘するのではなく，改善の範囲を少しずつ広げていくなどの配慮が必要である。改善点の数を限定することにより，研修者は目標に集中して努力することになる。

　インストラクターは評価リストに則り，研修対象となる技能の達成状

況を客観的に判断し，3回の研修における De-briefing では，指摘内容を計画的に検討し，指摘することが必要である。

　技術の向上の如何は，**研修者の技術向上の意欲**と，**技術向上の必要性の自覚**とが強く関係している。意欲と自覚を高めるために，研修者の行った操作や船舶の運動変化，そして航跡などの記録を提示することも有効な手段であろう。

　研修の目的は研修対象技能の育成・向上にある。インストラクターはこの点をつねに自覚して，指導する必要がある。

第3章
BTM訓練の事例

3.1 訓練の実施

　操船シミュレータによる実技演習におけるシナリオの開発は，操船の困難度が段階的に大きくなるように計画・実施する．また，実技演習はBridge Team活動の意義と必要技能が表面化する航海状況の内容により実施する．さらに，主機や操舵系統の故障や，他の航行船舶の異常行動のある状況の他，水先人乗船時の操船状況も含めて行うことにより，多様な状況下におけるBTM/BRMの必要技能の重要性が，理解されることとなる．

　ここに提示するBTM/BRM教育訓練コースは，3回の操船シミュレータによる実技演習から成り立っている．実技演習の構成と，用いられるシナリオおよび評価リストの開発方法の概要を以下に示す．なお，詳細については先に示した日本航海学会・操船シミュレータ研究会が開催する「インストラクター研修」において修得できる．

(1) 訓練の実施計画

　提示するBTM/BRM教育訓練コースは，3回の操船シミュレータによる実技演習から成り立っている．初回の実技演習により，インストラクターは研修中に行われる研修者の行動，とくに本研修の目的とする技能であるTeam Managementに関する技能の達成度を観察し，研修者の技能レベルに合った研修内容を決定する．さらに，チームとして参加した各研修者の技能は均一ではないので，各人の技能レベルの判別・評価が必要である．ここで，**技能レベル**

に合った研修内容とは，2回目以降のシナリオやDe-briefing時の説明方法などである。

　以上の方針に則り，2回目，3回目の操船シミュレータによる実技演習とDe-briefingを繰り返し行い，目的とするレベルへの技能向上を図ることとなる。しかし，研修時間は限られたものであり，研修中にすべての研修者が，すべての技能向上を達成できるとは限らない。そのような場合は，3回目の実技演習後に行われる最終のDe-briefingにおいて，適切な指導を行い，乗船中に努力すべき技術内容を示唆することが有効である。

(2) シナリオ開発の指針

　3回実施される操船シミュレータによる実技演習に用いられるシナリオは，本教育訓練コースの目的であるBTM/BRMに関する技能を評価できる状況を，複数回含む必要がある。技能評価の対象となる状況設定を「事象の設定」と称する。設定すべき事象は研修者の技能レベルに合わせて開発することが必要である。設定された事象の内容により，研修者がとるべき行動は異なるが，評価すべき技能はBTM/BRMに関する技能である。設定された事象の内容により，BTM/BRMに関する技術の達成の困難度は変化する。技術達成の困難度は，安全運航達成の困難度に対応するので，シナリオの開発においては，訓練対象者の技能レベルに適した困難度の事象の設定が必要である。そして，3回の実技演習においては，困難度を段階的に高め，研修者の技能の向上度を評価することが必要である。

　困難度を決定する要因について以下に示す。

① 航行海域を航行する船舶の密度
② 航行時に遭遇する船舶数
③ 遭遇する船舶との行会い状態（危険船の数）
④ 航行海域の地形ならびに水域の条件
⑤ 気象と海象の条件
⑥ 操船対象とする本船の種類
⑦ 船橋で利用できる航海機器の条件

⑧ その他，操船者の行うべき仕事の内容と質を変化させる要因

困難度は実施すべき仕事の量と質により決定する。したがって，上述した要因の量と質，そして異なる要因の同時発生の組み合わせを考慮することにより，さまざまな困難度を含むシナリオを作成することが可能である。

(3) 技能評価リスト開発の指針

技能評価リストは，評価すべき技能を明確にするとともに，シナリオの進行に従って，研修者の行動を適時に評価するために開発するものである。本コースの目的は研修者のBTM/BRMに関する技能の育成と向上にある。したがって，評価項目はBTM/BRMに関する技術の達成度を評価できるものとなる。シナリオ内に含まれる事象の内容が異なっていても，評価すべき項目は共通である。しかし，技術達成の困難度は異なるので，評価の結果はそれぞれの状況により異なってくる。技術達成の困難度の高い3つの例について，評価項目を以下に例示する。

① **主機や操舵系統の故障の状況**における評価は，異常の発生を認知した後の行動が重要となる。初めに認知したメンバーは，リーダーを含むメンバー全員に事態を知らせる。続いてリーダーは対処法を考え，これをメンバー全員に知らせる。このとき，メンバーが適切なアドバイスをリーダーに行えるかも重要な点である。メンバーはリーダーの指示に従って事態改善のために対処するのは当然であるが，安全運航を維持・継続するために必要な見張りや船位推定などの，分担された機能の達成の維持も必要である。故障に対処するメンバーは分担機能を達成できなくなるので，他のメンバーが代わりに行うことが必要となる。各メンバーの行動により通常の分担の体制が変化するので，リーダーは適切な役割分担の再構成と，メンバーの行動監視を持続することが必要である。以上の行動がBTM/BRMに関する技能達成の評価の対象となる。

② **他の航行船舶の異常行動がある状況**における技能評価は，他船の異常行動を認知したときから始まる。初めに認知したメンバーは，リーダーを含むメンバー全員に事態を知らせる。対処方法をリーダーが考える間，

メンバーは付近航行船や安全な海域の状況確認を行い，リーダーを含むチーム全員に知らせる。リーダーの意思決定を支援する情報提供や助言をすることも，チームメンバーの機能である。異常行動をとる船舶への交信や，付近航行船への連絡などに特定のメンバーが専従するときは，他のメンバーによる機能達成の代行も，重要な評価対象となる。リーダーは状況に従い，適切な判断をすることが必要である。また，リーダーは適切な役割分担の再構成とメンバーの行動監視を持続することが必要である。

③ **水先人乗船時の操船状況**におけるチーム活動は，本船メンバーによるチーム活動の維持が基本となる。通常，水先人が乗船すると，メンバーからの報告が激減することが観測されている。水先人乗船時には，リーダーである船長は水先人と十分な情報交換を行い，水先人の操船計画を確認し，操船中も水先人の操船意図を確認することが必要である。また，メンバーは水先人が安全に操船できるように，見張りや船位推定に関する情報を十分に提供する必要がある。水先人乗船時において，本船のメンバーが前述の行動を達成できるか，その技能が BTM/BRM に関する技能評価の対象となる。

以上のとおり，安全な運航のための必要な仕事が増大するとき，BTM/BRM が必要とするコミュニケーション，協調的動作，そしてリーダーのチーム統括技能が高次で要求されることとなる。このような困難度の高い状況は，初心者には混乱を起こさせるのみであるから，避けることが必要である。しかし，BTM/BRM の基本を修得した研修者には，困難度の高い研修を行うのが適当であろう。

3.2 操船シミュレータによる実技演習例

操船シミュレータによる実技演習において用いる，以下の資料を後掲する．

① シナリオ概要（図 III-3-1）
② 航行における干渉船の配置（図 III-3-2）
③ 技能評価のための評価リスト（図 III-3-3）
④ 集計結果例（図 III-3-4）

　提示するシナリオは，シンガポール海峡を西航する船舶上において，BTM/BRM の実技能力を評価するために開発されたものである．BTM/BRM 研修は 3〜5 年毎に繰り返し受講し，必要技能の維持・向上を図る必要がある．ここに提示する研修シナリオは，研修をすでに 2〜3 回受講した研修者を対象とした，研修 2 日目に実施される，初回の操船シミュレータによる実技演習用に開発されたものである．該当する研修者はすでに一定範囲の技能を修得しているという前提の下に行われる研修である．内容的には困難度は中レベルであり，この研修中に行われる研修者の行動から，必要技能の達成状況を評価するとともに，その後に続く研修において教育訓練する技術についての方向性を見いだすために用いられるシナリオである．当然，実技演習後の De-briefing では，必要技能の現状と，充足すべき技能についての説明が行われる．

　所要時間は約 1 時間 10 分，視程は研修者の技能に応じて，良い視界状態や狭視界の状態を設定する．安全運航を実現するための主要な状況は，狭水道通航時において，種々の形態で出現する船舶に対し，衝突を回避して航行することにある．

　このシナリオに対する評価リストの構成は以下のとおりである．
　はじめに，Captain briefing におけるメンバーの行動が評価される．この評価リストの Function 欄の記述は次の内容を示している．

L：Leadership
　　チームリーダーの機能達成レベルを評価している．適時の役割分担の内容としては，メンバーの行動監視，行動の活性化，操船意図の告知な

ど，リーダーとして行うべきすべてが含まれている。
- C： Communication

    情報交換，とくにチームメンバー間の情報交換が評価対象技能として重要である。
- T： Teamwork

    チームメンバーはつねにチームの一員として活動することが要求される。協調的活動に代表されるとおり，メンバーはつねにチームが必要な機能を維持できるための技能達成が評価される。
- I： Instrument Operation

    BRM の資源の有効活用のうち，機器活用の技能について評価する。
- P： Procedure

    通常航海に必要な技術の達成状況を評価する。見張り，船位推定，法規遵守などが含まれる。

以下，評価リストは発生する事象毎に，同様な評価項目が繰り返し示されている。シミュレータによる実技演習終了後，上記の Function 毎に技術の達成状況を集計することにより，研修者の技術達成特性が把握できる。

評価リストの次のページに集計結果の例を示している。この研修では 3 名の研修者が船長，二等航海士，三等航海士の役割を分担した。船長に対しては Leadership を含む 5 項目の機能達成度を集計している。二等航海士と三等航海士に対しては Leadership を除く 4 項目の機能達成度を集計している。各項目の**達成度は，評価対象件数に対する機能が達成されたと評価された件数の比率**により示されている。また，各研修者の総合的な機能達成率も集計されている。

集計のなかで，とくに Leadership, Communication, Teamwork は本教育・訓練コースの技能向上の目的技能であるから，達成度を吟味し，De-briefing 時の解説やその後の研修に活用することが重要である。

シンガポール西航（例）

1. 初期状態
   初期位置：01-13.7 N, 103-55.15 E
   針　　路：<246>
   速　　力：12.0 ノット
   主機状態：S/B Full Ahead

2. 気象海象等
   風向・風力：Calm
   潮　　流：0.0
   視　　程：1.5 マイル

3. 概要

時　間	事象	対象	対応
00:00	西航路航行周囲状況確認	#9（同航船，前方：小型貨物船） #3（同航船，後方：PCC） #18（同航船，後方：コンテナ船）	動向確認
00:05	横切り船	#5（横切り船：コンテナ船） 右舷前方から東航レーンへ	動向確認，VHF，避航
00:15	漁船群		動向確認，汽笛等，避航
00:20	変針	Batu Berhanti	
00:30	横切り船	#19（横切り船：貨物船） Jong Fairway から Main Strait （西航レーン）へ本船前方から進入	動向確認，VHF，避航
00:40	横切り船	#17（横切り船：VLCC） 東航航路から変針北上する Shell SBM 向けタンカー	本船避航船 （ローカルルール適用） VHF 意図確認，避航
00:45	変針	Gusong	
00:55	追越し船	#2（追越し船：貨物船） 左舷後方より	VHF 意図確認，避航
01:00	変針	Raffles 灯台	
01:05	横切り船	#24（横切り船：小型貨物船） 右舷前方から航路を横切る	VHF 意図確認，避航
	終了		

図Ⅲ-3-1　シナリオ概要

262 〔第 III 部〕BTM/BRM の技能養成訓練

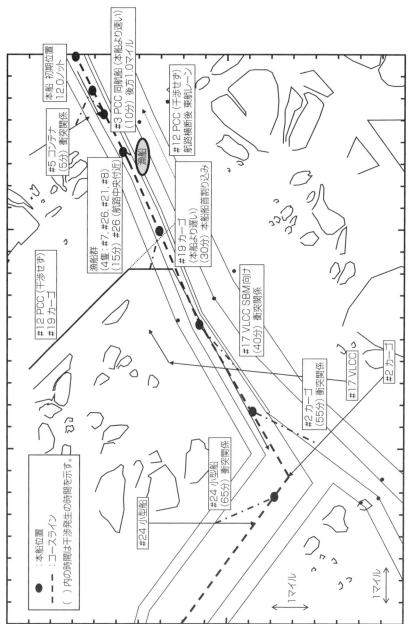

図III-3-2　航行における干渉船の配置

WEST BOUND IN SINGAPORE STRAIT

Assessment sheet on mariner's behaviour

20 / /

Event	Assessing behavior	Function	Capt. Name			2/O Name			3/O Name		
			+1	0	-1	+1	0	-1	+1	0	-1
Nav. Plan	Proper Nav. Plan is made	P	attain	insufficient		attain	insufficient		attain	insufficient	
	Communication on Nav. Plan is done	C	attain	insufficient	Lack	attain	insufficient		attain	insufficient	Lack
Confirmation on vessels surroundings											
# Cargo on head	Confirmation on situation are done	P	attain	insufficient		attain	insufficient		attain	insufficient	
# Small vessel on port bow	Checking Nav. instruments are done	I	attain	insufficient		attain	insufficient		attain	insufficient	
# PCC on stern	Communication on the situation and assigned tasks are done	C	attain	insufficient		attain	insufficient		attain	insufficient	
# Cargo	Asignments of each tasks are done	L	attain	insufficient							
	Attain the tasks and Team activities	T	attain	insufficient	Lack	attain	insufficient	Lack	attain	insufficient	Lack
Crossing vessel											
#5 Container	Detection on target in early stage is done	P	attain	insufficient		attain	insufficient		attain	insufficient	
	Adequate usage of Nav. Instruments are done	I	attain	insufficient		attain	insufficient		attain	insufficient	
	Communication betw'n Target is done (incl. VTIS)	C	attain	insufficient		attain	insufficient		attain	insufficient	
	Communication on the target and assigned tasks are done	C	attain	insufficient		attain	insufficient		attain	insufficient	
	Proper actions are done	P	attain	insufficient							
	Asignments of each task are done	L	attain	insufficient							
	Attain the tasks and Team activities	T	attain	insufficient	Lack	attain	insufficient	Lack	attain	insufficient	Lack
Fishing Boats											
#7, #8, #21, #26	Detection on target in early stage is done	P	attain	insufficient		attain	insufficient		attain	insufficient	
	Adequate usage of Nav. Instruments are done	I	attain	insufficient		attain	insufficient		attain	insufficient	
	Communication betw'n Target is done (incl. Airhorn)	C	attain	insufficient		attain	insufficient		attain	insufficient	
	Communication on the target and assigned tasks are done	C	attain	insufficient		attain	insufficient		attain	insufficient	
	Proper actions are done	P	attain	insufficient		attain	insufficient		attain	insufficient	
	Asignments of each task are done	L	attain	insufficient							
	Attain the tasks and Team activities	T	attain	insufficient	Lack	attain	insufficient	Lack	attain	insufficient	Lack
Altering Course											
Sakijang or Batu	Confirmation on the way point in early stage	P	attain	insufficient		attain	insufficient		attain	insufficient	
	Adequate usage of Nav. Instruments are done	I	attain	insufficient		attain	insufficient		attain	insufficient	
	Communication on the W. P. and assigned tasks are done	C	attain	insufficient		attain	insufficient		attain	insufficient	
	Proper actions on Alt Co. are done	P	attain	insufficient		attain	insufficient				
	Asignments of each task are done	L	attain	insufficient							
	Attain the tasks and Team activities	T	attain	insufficient	Lack	attain	insufficient	Lack	attain	insufficient	Lack

図Ⅲ-3-3　技能評価のための評価リストの一部

WEST-bound of Singapore Strait (start from the NorthEast side of Batu berhanti) SINGW_VL.ssf		評価対象件数	機能達成件数	Assessment date: 20**/**/** 達成度
<CAPT>	A			
L : Leadership	(リーダーシップ)	9	9	100.0%
C : Communication	(コミュニケーション)	15	15	100.0%
T : Teamwork	(チームワーク)	9	9	100.0%
I : Instrument	(機器の活用)	9	6	66.7%
P : Procedure	(規定された手順の履行)	17	16	94.1%
Total	(合 計)	59	55	93.2%
		評価対象件数	機能達成件数	達成度
<2/O>	B			
L : Leadership	(リーダーシップ)	0		
C : Communication	(コミュニケーション)	10	9	90.0%
T : Teamwork	(チームワーク)	9	6	66.7%
I : Instrument	(機器の活用)	9	4	44.4%
P : Procedure	(規定された手順の履行)	15	13	86.7%
Total	(合 計)	43	32	74.4%
		評価対象件数	機能達成件数	達成度
<3/O>	C			
L : Leadership	(リーダーシップ)	0		
C : Communication	(コミュニケーション)	10	5	50.0%
T : Teamwork	(チームワーク)	9	5	55.6%
I : Instrument	(機器の活用)	8	3	37.5%
P : Procedure	(規定された手順の履行)	18	9	50.0%
Total	(合 計)	45	22	48.9%

図Ⅲ-3-4　集計結果例

あとがき

　技術者には，大きく分けて，物をつくり出す技術者と，物をつくった目的を実現するために，これを運用する技術者がある。新しいものをつくり出す技術者は，できる限りの知識を駆使して，目的を満たすものをつくり出すことに従事する。運用現場の技術者は，つくり出されたものを，環境条件のもとに目的を実現するために運用することとなる。つくり出されたものが巨大になればなるほど，それはいくつもの要素を組み合わせたシステムとなっていく。そのなかには沢山の知恵と知識が盛り込まれている。

　つくり出された巨大なシステムの価値は，つくり出すことだけでは終わらない。目的とする働き・機能を実現して初めて，存在価値が発揮されることとなる。この目的を実現するために，システムを運用する現場の技術者は知識と知恵を駆使することとなる。

　ここで，巨大な構造物である船舶というシステムを運用する技術者，すなわち海技者の機能を考えてみよう。海技者が第一の目的である安全運航を実現するために発揮する機能が達成される状況を考えると，そこには新しいシステムをつくり出す知識・知恵と同等の機能が必要となっていることがわかる。多くのサブシステムで構成された巨大システムは，運用自体が容易ではない。さらに，船舶は自然環境の影響を直接受ける上に，規則性の乏しい海上交通のなかを航行することが要求されている。このような環境のなかで船舶を運用する海技者は，つねに新規かつ不確定な外部要因に対応する必要を迫られることとなる。製作された巨大システムが，求められる働き・機能を発揮するか否かは，システムがその現実世界のなかでどのように運用されるかにかかっている。海技者の技術の重要性を強く指摘する必要がある。

　船舶の運航技術の歴史は古く，極めて長い時間の経過とともに発達してきた。そのために，技術の内容は経験論として議論されることが中心となってい

た。著者は本書のなかで，長い時間をかけて発達してきた船舶運航技術を分析・整理し，統合した体系を提案している。ここで示す考え方は，これまで体系として明確化されていない，**システムの運用技術者としての海技者の技術に対する新規の学説**である。新規の学説はさまざまな角度から，その妥当性を検証する必要がある。本書で紹介する考え方についても，同様な検証作業が現在まで継続的に行われている。その間において，矛盾点は見いだされていないことから，本書の執筆を決断することとなった。

　本書が，これから船舶の運航技術を学ぶ人々の道しるべとなれば幸いである。また，船舶運航現場で活躍する技術者においては，自分の身につけた技術と発揮する機能の重要性を理解する一助となることを願うものであり，海技の伝承に役立てば幸いである。また，海技者ではないが，船舶の運航システムの設計者においては，海技者の機能・特性を理解していただける機会となると考えている。海技技術に関する研究・教育に従事されている教育者と研究者においては，教育・研究の対象の位置づけと目的を示唆することになれば幸甚である。

　なお，本書の参考文献の多くが関係学会で発表された学術論文であり，読者においては入手が困難な文献もあることをお詫びしたい。研究論文は本書で指摘した内容を詳細に，段階的に議論したものである。研究は現在も，継続して行われており，さらに進んだ研究結果が得られている。今後，機会があれば紹介したいと考えている。

　最後に，本書を完成に導くために，東京海洋大学海洋工学部に勤務し，ともに研究し，本書の校正と図面の作成に尽力していただいた，石橋篤先生，内野明子先生に謝意を表して，終わりたいと思います。

小林　弘明

参考文献

海技技術

1. Mitsuo Kojima, Sachiyo Horiki, Hiroaki Kobayashi : A Study on Necessary Elements for Effective ETM Training, Proceedings of 13th ACMSSR (Asian Conference on Marine Safety and System Research) (2013).
2. Hiroaki Kobayashi, Takayuki Suzuki : Guidline for Collision Avoiding Maneuver and Proposal on Simple Estimation Method, Proceedings of 13th ACMSSR (Asian Conference on Marine Safety and System Research) (2013).
3. Atsushi Ishibashi, Hiroaki Kobayashi : Analysis on the Berthing Maneuver by Using Tug Boats, Proceedings of 13th ACMSSR (Asian Conference on Marine Safety and System Research) (2013).
4. Hiroaki Kobayashi : Advanced BTM Training Beyond BRM in Revised STCW in 2010, Proceedings of 12th ACMSSR (Asian Conference on Marine Simulator and Simulation Research) (2012).
5. Takayuki Suzuki, Hiroaki Kobayashi : Study on Handling Methods for Collision Avoidance in Restricted Water Area, Proceedings of 12th ACMSSR (Asian Conference on Marine Simulator and Simulation Research) (2012).
6. Hiroaki Kobayashi : Human Factor on Ship Handling and Human Error, Proceedings of ISIS 2012 (International Symposium Information on Ships) (2012).
7. Takayuki Suzuki, Hiroaki Kobayashi, Atsushi Ishibashi : Study on Ship Handling Measures to Avoid Collision by Using Rudder and Main Engine, Proceedings of 11th ACMSSR (Asian Conference on Marine Simulator and Simulation Research) (2011).
8. Yuichi Shimura, Hiroaki Kobayashi : A Study on the Feature of Information in Mariner's Decision Making Process, Proceedings of 11th ACMSSR (Asian Conference on Marine Simulator and Simulation Research) (2011).
9. Ryosuke Nozawa, Hiroaki Kobayashi : The Analysis of a Characteristic of Control of Mariners In Berthing Maneuver −Berthing Maneuver under the Wind Disturbance−, Proceedings of 10th ACMSSR (Asian Conference on Marine Simulator and Simulation Research) (2010).
10. Ombuh Yeddy Teddy Theodorus, Hiroaki Kobayashi : Comparative Study on the Affecting Factor on the Trajectory Between Experienced Officers and New Officers, Proceedings of 9th ACMSSR (Asian Conference on Marine Simulator and Simulation Research) (2009).
11. Hiroaki Kobayashi : [Keynote] Mariner's Function for Safe Navigation, Proceedings of

MARSIM 2009 (International Conference on Marine Simulation and Ship Manoeuvrability) (2009).
12. Atsushi Ishibashi, Hiroaki Kobayashi : A Study on the Evaluation of Berthing Maneuver under Wind Disturbance −From Viewpoint of Risk Management−, Proceedings of 9th ACMSSR (Asian Conference on Marine Simulator and Simulation Research) (2009).
13. Tomohisa Nishimura, Hiroaki Kobayashi : A Study of Environmental Factors in Insufficient Lookout, Proceedings of MARSIM 2009 (International Conference on Marine Simulation and Ship Manoeuvrability) (2009).
14. Tomohisa Nishimura, Hiroaki Kobayashi : The Relation Between Lookout Capacity and Navigational Environment, Proceedings of 9th ACMSSR (Asian Conference on Marine Simulator and Simulation Research) (2009).
15. Ombuh Yeddy Teddy Theodorus, Hiroaki Kobayashi : Comparison Between New Officer and Experienced Officer on the Ship-handling, Proceedings of 8th ACMSSR (Asian Conference on Marine Simulator and Simulation Research) (2008).
16. Ha Nam Ninh, Hiroaki Kobayashi : Study on Mariner's Behavior in Elemental Technique of Lookout −Study on Effect of Navigation Environment−, Proceedings of 8th ACMSSR (Asian Conference on Marine Simulator and Simulation Research) (2008).
17. Hiroaki Kobayashi : Human Factor in Vessel Operation, Proceedings of ISIS 2008 (International Symposium Information on Ships) (2008).
18. Atsushi Ishibashi, Hiroaki Kobayashi : A Study on the Evaluation of Ship handling Competency of Mariner's on Berthing Maneuver, Proceedings of 8th ACMSSR (Asian Conference on Marine Simulator and Simulation Research) (2008).
19. Tomohisa Nishimura, Hiroaki Kobayashi : A Study on a Capacity for Lookout Workload, Proceedings of IMSF Workshop 2008 (2008).
20. Tomohisa Nishimura, Hiroaki Kobayashi : A Study on a Lookout Workload for the Progress of Navigation Support Systems, Proceedings of ISIS 2008 (International Symposium Information on Ships) (2008).
21. Tomohisa Nishimura, Hiroaki Kobayashi : A Study on a Unified Criterion for Lookout Workload, Proceedings of 8th ACMSSR (Asian Conference on Marine Simulator and Simulation Research) (2008).
22. Hiroaki Kobayashi : A Study on the Technology for Ship-handling, Proceedings of 7th ACMSSR (Asian Conference on Marine Simulator and Simulation Research) (2007).
23. Ha Nam Ninh, Hiroaki Kobayashi : Study on Necessary Technique of Positioning −Study on Effect of Navigational Environment, Proceedings of IMSF Workshop 2007 (2007).
24. Pham Van Thuan, Hiroaki Kobayashi : Evaluation on Container Ship Maneuvering Characteristics From View Point of Ship handling, Proceedings of 7th ACMSSR (Asian Conference on Marine Simulator and Simulation Research) (2007).
25. Atsushi Ishibashi, Hiroaki Kobayashi : A Study on the Evaluation of Ship Handling Techniques of Marine Pilot, Proceedings of 7th ACMSSR (Asian Conference on Marine Simulator and Simulation Research) (2007).
26. Tomohisa Nishimura, Hiroaki Kobayashi : Characteristics of Lookout Corresponding to Navigational Environment, Proceedings of IMSF Workshop 2007 (2007).
27. Tomohisa Nishimura, Hiroaki Kobayashi : On the Relation Between Lookout Range and Nav-

igational Environment, Proceedings of 7th ACMSSR (Asian Conference on Marine Simulator and Simulation Research) (2007).
28. Hiroaki Kobayashi : On the Study of Characteristics of Mariner's Lookout and Safe Navigation, Proceedings of 14th INSLC (International Navigators Simulator Lecturers' Conference) (2006).
29. Research Group on Mariner's Factor, Hiroaki Kobayashi as Project Coordinator of IMSF research Project : Standard Mariner's Behavior in Avoiding Collision Maneuver, Proceedings of MARSIM 2006 (International Conference on Marine Simulation and Ship Manoeuvrability) (2006).
30. Tomohisa Nishimura, Hiroaki Kobayashi : Mariner's Characteristics on a Lookout For Collision Avoiding Maneuver, Proceedings of 6th ACMSSR (Asian Conference on Marine Simulator and Simulation Research) (2006).
31. Tomohisa Nishimura, Hiroaki Kobayashi : A Study on Mariners' Behavior for Avoiding Collisions in Congested Traffic Conditions −A Study on the Causes of Collisions Under Restricted Visibility−, Proceedings of MARSIM 2006 (International Conference on Marine Simulation and Ship Manoeuvrability) (2006).
32. Hiroaki Kobayashi : Use of simulator in Assessment, training and teaching of mariners, WMU Journal of Mritime Affairs (2005).
33. Hiroaki Kobayashi : Functional Approach on the Techniques of Ship Handling, Proceedings of 5th ACMSSR (Asian Conference on Marine Simulator and Simulation Research) (2005).
34. Hiroaki Kobayashi : Functional Approach for Realization of Safe Navigation, Proceedings of IMSF Workshop 2005 (St. John's) (2005).
35. Park Jung Sun, Hiroaki Kobayashi : Modelling of Standard Mariner's Behavior on the Handling of Collision Avoidance −Concept on Modelling for Collision-avoidance Based on Human Factors−, Proceedings of 5th ACMSSR (Asian Conference on Marine Simulator and Simulation Research) (2005).
36. Hiroaki Kobayashi : The Collaborative research of Human Factors in Ship-handling, Proceedings of IMSF Workshop 2005 (St. John's) (2005).
37. Jung-Sun Park, Hiroaki Kobayashi : Mariner's Information Processing for Avoiding Collision, Proceedings of IMSF Workshop 2005 (St. John's) (2005).
38. Keiko Iwanaga, Hiroaki Kobayashi : A Study on the Relation Between the Difficulty of Avoiding Collision and Mariner's Behavior, Proceedings of 5th ACMSSR (Asian Conference on Marine Simulator and Simulation Research) (2005).
39. Atsushi Ishibashi, Hiroaki Kobayashi : A Study on the Ship-handling Information and the Characteristics information Processing of Operator at Berthing Maneuver, Proceedings of 5th ACMSSR (Asian Conference on Marine Simulator and Simulation Research) (2005).
40. Tomohisa Nishimura, Hiroaki Kobayashi : Characteristics of a Lookout Under Restricted Visibility −Study on the Causes of Collisions Under Restricted Visibility−, Proceedings of IMSF Workshop 2005 (St. John's) (2005).
41. Tomohisa Nishimura, Hiroaki Kobayashi : A Study on characteristics of A Lookout For Maritime Traffic Under Restricted Visibility, Proceedings of 5th ACMSSR (Asian Conference on Marine Simulator and Simulation Research) (2005).
42. Fusayuki Inui, Hiroaki Kobayashi : Necessary Techniques for Safe Navigation under Limited-

visibility, Proceedings of 13th INSLC (International Navigators Simulator Lecturers' Conference) (2004).
43. Park Jung Sun, Hiroaki Kobayashi : The Relationship between Maneuvering Ability and Navigational Environment in the Condition of Avoiding Collision (2), Proceedings of 4th Japan-Korea Workshop on Marine Simulator and Simulation Research (2004).
44. Park Jung Sun, Hiroaki Kobayashi : Mariner's Behavior in Collision-avoidance Situation, Proceedings of 13th INSLC (International Navigators Simulator Lecturers' Conference) (2004).
45. Tomohisa Nishimura, Hiroaki Kobayashi : Influence on Ship Handling Caused by the Difference in Ship Maneuverability, Proceedings of 13th INSLC (International Navigators Simulator Lecturers' Conference) (2004).
46. Tomohisa Nishimura, Hiroaki Kobayashi : Human Factors on Maneuvering Ship in Restricted Water Area, Proceedings of 12th INSLC (International Navigators Simulator Lecturers' Conference) (2002).
47. Tomohisa Nishimura, Hiroaki Kobayashi : Human Factors on Maneuvering Ship with Course-Instability, Proceedings of 5th MARTECH 2002 (International Conference & Exhibition at the Singapore Polytechnic) (2002).
48. Kentaro Hijikata, Hiroaki Kobayashi : An Evaluation of Ship Maneuvering Characteristics on Handling in Fairway, Proceedings of Korea-Japan Workshop on Marine Simulation Research (2001).
49. Shoichi Senda, Hiroaki Kobayashi, Hiroyuki Mizuno : Human Characteristics on Handling Vessel at the Approaching Harbor, Proceedings of Korea-Japan Workshop on Marine Simulation Research (2001).
50. Hiroaki Kobayashi : MET and Assessment Using Ship-handling Simulator, Proceedings of 11th IMLA (International Maritime Lecturers Association) (2000).
51. Hiroaki Kobayashi : Human Factor on Ship-handling in Restricted Waters, Proceedings of International Conference on Shipping Trends in New Millennium (2000).
52. Hiroaki Kobayashi : On the Standard Deceleration of Ship Speed by Human Control, Proceedings of MARSIM 2000 (Orlando) (2000).
53. Hiroaki Kobayashi : Training and Assessment Utilizing Ship Handling Simulator, Proceedings of 10th INSLC (International Navigators Simulator Lecturers' Conference) (1998).
54. Hiroaki Kobayashi : Assessment Methods of MET Using Ship Handling Simulator, Proceedings of 10th IMLA (International Maritime Lecturers Association) (1998).
55. Hiroaki Kobayashi : Assessment Methods of MET Using Ship Handling Simulator, Proceedings of 10th International Conference on Maritime Education and Training (1997).
56. Hiroaki Kobayashi : Development of Ship Handling Technique Into Elemental Techniques and Proposal of the Education / Training Method Utilizing a Ship Handling Simulator, Proceedings of 9th IMLA (International Maritime Lecturers Association) (1997).
57. Hiroaki Kobayashi : On the Relation Between Human Operator and Advanced Navigation Technology, Proceedings of 9th International Conference on Maritime Education and Training (1996).
58. Hiroaki Kobayashi : Simulation Study on the Relation the Handling Ability and the Information, Proceedings of MARSIM 1993 (pp.315−312) (1993).
59. Hiroaki Kobayashi : The Man-Machine System and the Ship's Heading Control, Proceedings

of International Congress, MAN & NAVIGATION (1981).

安全運航

1. Akiko Uchino, Hiroaki Kobayashi : A Quantitative Approach to Estimating Workload Based on Navigational Conditions, Proceedings of 13th ACMSSR (Asian Conference on Marine Safety and System Research) (2013).
2. Akiko Uchino, Hiroaki Kobayashi : Human Error and Workload from the viewpoint of Quantitative Difficulty of Navigation, Proceedings of MARSIM 2012 (International Conference on Marine Simulation and Ship Manoeuvrability) (2012).
3. Akiko Uchino, Hiroaki Kobayashi : Workload, Omission Error and the Prioritization of Navigational Techniques, Proceedings of 12th ACMSSR (Asian Conference on Marine Simulator and Simulation Research) (2012).
4. Akiko Uchino, Hiroaki Kobayashi : The Relation Between Human Error and Workload in Ship-handling, Proceedings of 11th ACMSSR (Asian Conference on Marine Simulator and Simulation Research) (2011).
5. Ha Nam Ninh, Hiroaki Kobayashi : Study of Safety Assessment Based on Navigational Difficulty, Proceedings of 10th ACMSSR (Asian Conference on Marine Simulator and Simulation Research) (2010).
6. Hiroaki Kobayashi : [Keynote] The Methods of Investigation on Maritime accidents Including Human Factors, Proceedings of 10th ACMSSR (Asian Conference on Marine Simulator and Simulation Research) (2010).
7. Akiko Uchino, Hiroaki Kobayashi : Mariners' Characteristics for Navigational Information Processing Affected by Workload Fluctuations, Proceedings of 10th ACMSSR (Asian Conference on Marine Simulator and Simulation Research) (2010).
8. Akiko Uchino, Hiroaki Kobayashi : Analysis of Accident Causes Latent in Mariner's Experience, Proceedings of MARSIM 2009 (International Conference on Marine Simulation and Ship Manoeuvrability) (2009).
9. Akiko Uchino, Hiroaki Kobayashi : Characteristics of Mariners' Experience and Influence on an Accident, Proceedings of 9th ACMSSR (Asian Conference on Marine Simulator and Simulation Research) (2009).
10. Hiroaki Kobayashi : [Keynote] Mariner's Function for Safe Navigation, Proceedings of MARSIM 2009 (International Conference on Marine Simulation and Ship Manoeuvrability) (2009).
11. Hiroaki Kobayashi : Mariner Function on Safe Navigation, Proceedings of IMSF Workshop 2008 (2008).
12. Akiko Uchino, Hiroaki Kobayashi : Latent Causes of Marine Accidents relating to Mariners' Experience, Proceedings of IMSF Workshop 2008 (2008).
13. Akiko Uchino, Hiroaki Kobayashi : Analysis of Marine Accidents Related to Well Experienced and Skilled Pilots, Proceedings of IMSF Workshop 2007 (2007).
14. Akiko Uchino, Hiroaki Kobayashi : Analysis of Marine Accidents Related to Well Experienced and Skilled Pilots, Proceedings of 7th ACMSSR (Asian Conference on Marine Simu-

lator and Simulation Research) (2007).
15. Akiko Uchino, Hiroaki Kobayashi : Human Competence Caused by Motivation Factor −Recognition toward Mission Goal−, Proceedings of 6th ACMSSR (Asian Conference on Marine Simulator and Simulation Research) (2006).
16. Hiroaki Kobayashi : On the Study of Characteristics of Mariner's Lookout and Safe Navigation, Proceedings of 14th INSLC (International Navigators Simulator Lecturers' Conference) (2006).
17. Akiko Uchino, Hiroaki Kobayashi : Change of Human Competence Caused by Motivation or Stress, Proceedings of 5th ACMSSR (Asian Conference on Marine Simulator and Simulation Research) (2005).
18. Shoichi Senda, Hiroaki Kobayashi, Tomohisa Nishimura : A Study on the Estimation of Human Mental Work-load in Ship Handling Using the SNS Value, Proceedings of 5th ACMSSR (Asian Conference on Marine Simulator and Simulation Research) (2005).
19. Hiroaki Kobayashi : Functional Approach for Realization of Safe Navigation, Proceedings of IMSF Workshop 2005 (St. John's) (2005).
20. Hiroaki Kobayashi : A Study on the Assessment of Navigational Safety, Proceedings of 13th INSLC (International Navigators Simulator Lecturers' Conference) (2004).
21. Akiko Uchino, Hiroaki Kobayashi : Growing Process from Human Behavior into Consequential Situations in Extraordinary Situations, Proceedings of 13th INSLC (International Navigators Simulator Lecturers' Conference) (2004).
22. Akiko Uchino, Hiroaki Kobayashi : Analysis of Human Behavior and Situations on the Maneuvering Process Using FTA, Proceedings of 6th MARTECH 2004 (International Conference & Exhibition at the Singapore Polytechnic) (2004).
23. Akiko Uchino, Hiroaki Kobayashi : Human Behavioral Procedure from Ordinary Situation to Extraordinary Situation in Navigational Function, Proceedings of 4th Japan-Korea Workshop on Marine Simulator and Simulation Research (2004).
24. Shin Murata, Hiroaki Kobayashi : Necessary Condition for the Maintenance of Safer Ship Operations, Proceedings of 13th INSLC (International Navigators Simulator Lecturers' Conference) (2004).
25. Jung Sun Park, Hiroaki Kobayashi : The Relationship between Maneuvering Ability and Navigational Environment in the Condition of Avoiding Collision, Proceedings of 3rd Korea-Japan Workshop on Marine Simulation Research (2003).
26. Hiroaki Kobayashi : The Balance Between Mariner's Ability and Occurrence of Maritime Accidents, Proceedings of MARSIM 2003 (International Conference on Marine Simulation and Ship Manoeuvrability) (2003).
27. Hiroaki Kobayashi : Concept of Countermesures of Maritime Accidents Based on the Analysis on Maritime Accidents, Proceedings of 3rd Korea-Japan Workshop on Marine Simulation Research (2003).
28. Akiko Uchino, Hiroaki Kobayashi : An Analysis of Human Behavior in Extraordinary Situation and Countermeasures to Lead Suitable Behavior, Proceedings of MARSIM 2003 (International Conference on Marine Simulation and Ship Manoeuvrability) (2003).
29. Akiko Uchino, Hiroaki Kobayashi : Human Behaviour in Extraordinary Situations as a Logical Cosequence Based on Analysis of Factors, Proceedings of 3rd Korea-Japan Workshop on

Marine Simulation Research (2003).
30. Shin Murata, Hiroaki Kobayashi : Study on the Condition of an Occurrence of Human Error on Ship's Operations 2, Proceedings of 3rd Korea-Japan Workshop on Marine Simulation Research (2003).
31. Akiko Uchino, Hiroaki Kobayashi : Human Behaviour in Extraordinary Situation, Proceedings of 12th INSLC (International Navigators Simulator Lecturers' Conference) (2002).
32. Akiko Uchino, Hiroaki Kobayashi : Categorization of Human Chain Behaviour, Proceedings of 5th MARTECH 2002 (International Conference & Exhibition at the Singapore Polytechnic) (2002).
33. Shin Murata, Hiroaki Kobayashi : Study on the Condition of an Occurrence of Human Error on Ship's Operation, Proceedings of 5th MARTECH 2002 (International Conference & Exhibition at the Singapore Polytechnic) (2002).
34. Shin Murata, Susumu Toya, Hiroaki Kobayashi : Study on the Condition of and Occurrence of Human Error on Ship's Operations, Proceedings of 2nd Japan-Korea Workshop on Marine Simulator and Simulation Research (2002).
35. Shin Murata, Hiroaki Kobayashi, Tomohisa Nishimura : A Formulation of the Human Error on Ship's Operations, Proceedings of Korea-Japan Workshop on Marine Simulation Research (2001).
36. Hiroaki Kobayashi : Marine Casualty Analysis Using Ship-Handling Simulator, Proceedings of PADEC (Preventing, Coping with Casualties −the Education and Training perspective) (1999).
37. Hiroaki Kobayashi, Atsushi Ishibashi, Yasuhiro Sakaguchi : In the Evaluation of the Safety Navigation, Proceedings of Academic Symposium between Japan and China Institute of Navigation (1995).

シミュレータ

1. Yeddy Teddy Theodorus Ombuh, M. Chairul Djohansyah, Hiroaki Kobayashi : Implementation of Integrated Navigation Simulator in Borombong Merchant Marine College, Proceedings of 12th ACMSSR (Asian Conference on Marine Simulator and Simulation Research) (2012).
2. Japan Ship-handling Simulator Committee : Guideline for Simulator Model Documentation −Draft Ver. 2.0 09 June 2008−, Proceedings of 8th ACMSSR (Asian Conference on Marine Simulator and Simulation Research) (2008).
3. Makoto Endo : Model Doccumenting Guidelined for Ship-handling Simulator, Proceedings of 8th ACMSSR (Asian Conference on Marine Simulator and Simulation Research) (2008).
4. Hiroaki Kobayashi as Chairman of IMSF (International Marine Simulator Forum) : [Keynote] Application of Maritime Simulators and IMSF Activities, Proceedings of MARSIM 2006 (International Conference on Marine Simulation and Ship Manoeuvrability) (2006).
5. Hiroaki Kobayashi : [Keynote] Application of Maritime Simulator for Enhancement of Safety Navigation −Promotion of the Research on Mariner's Characteristics−, Proceedings of 4th Japan-Korea Workshop on Marine Simulator and Simulation Research (2004).

6. Hiroaki Kobayashi as Chairman of IMSF (International Marine Simulator Forum) : [Keynote] Simulator Application, Proceedings of MARSIM 2003 (International Conference on Marine Simulation and Ship Manoeuvrability) (2003).
7. Masatoshi Endo, Hiroaki Kobayashi : A Human-Centered Maneuvering system Based Upon New Concept, Singapore Maritime & Port Journal 2003 (2003).
8. Kazuhiko Hasegawa, G. Tashiro, S. Kiritani, K. Tachikawa : Intelligent marine traffic simulator for congested waterways, 7th IEEE International Conference on Methods and Models in Automation and Robotics, pp.631-636 (2001).
9. Hiroaki Kobayashi : A Study on the Systematic Calidation of the Ship Handling Simulator's Function Corresponding Nautical Missions, Proceedings of MARSIM 2000 (Orlando) (2000).
10. Makoto Endo, Hiroaki Kobayashi, Yasuo Arai, Shin Murata, T. Takemoto, Susumu Toya, Hiroyuki Mizuno, Masatoshi Endo, Shoichi Senda : The Development of the Simulator Training System, Proceedings of 11th INSLC (International Navigators Simulator Lecturers' Conference) (2000).
11. Yasuo Arai, Hiroaki Kobayashi, Makoto Endo, Hiroyuki Mizuno, S. Arai, M. Tsugane, Shoichi Senda, Shin Murata, T. Oku : A Study on the Systematic Validation of Ship-handling Simulator's Function Corresponding Nautical Missions, Proceedings of 11th INSLC (International Navigators Simulator Lecturers' Conference) (2000).
12. Takashi Kataoka, Hiroaki Kobayashi, Yasuo Arai, Toshiharu Kakihara, Masaki Takita : A Study on the Systematic Validation of the Radar Simulator, Proceedings of 11th INSLC (International Navigators Simulator Lecturers' Conference) (2000).
13. Hiroaki Kobayashi : Marine Casualty Analysis Using Ship-Handling Simulator, Proceedings of PADEC (Preventing, Coping with Casualties -the Education and Training perspective) (1999).
14. Masatoshi Endo, Hiroaki Kobayashi, Makoto Endo : About the Influence on the Training efficiency Affected by the Limited Function of Ship handling Simulator, Proceedings of 10th INSLC (International Navigators Simulator Lecturers' Conference) (1998).
15. Hiroaki Kobayashi : Technical Development for Safety Navigation, Proceedings of International Conference on Technologies for Marine Environment Preservation, Tokyo (1997).

BTM / BRM

1. Hiroaki Kobayashi : Advanced BTM Training Beyond Revised STCW in 2010, Proceedings of MARSIM 2012 (International Conference on Marine Simulation and Ship Manoeuvrability) (2012).
2. Tomohisa Nishimura : A Study on Crew's Role in Bridge Team Management, Proceedings of 11th ACMSSR (Asian Conference on Marine Simulator and Simulation Research) (2011).
3. Koji Ito, Hiroaki Kobayashi : A Study on the Relation Between the Achievement degree on Team Mission and the Team Member's Performance, Proceedings of 10th ACMSSR (Asian Conference on Marine Simulator and Simulation Research) (2010).
4. Tomohisa Nishimura : Effective Bridge Team Management (BTM) in an Complicated Nav-

igational Condition, Proceedings of 10th ACMSSR (Asian Conference on Marine Simulator and Simulation Research) (2010).
5. Susumu Toya, Hiroaki Kobayashi : Study on the Management of Mariners' Technique in Ship Operation, Proceedings of MARSIM 2009 (International Conference on Marine Simulation and Ship Manoeuvrability) (2009).
6. Akiko Uchino, Hiroaki Kobayashi : Function of Pilots as a Bridge Team Member from Analysis of Marine Accidents, Proceedings of 8th ACMSSR (Asian Conference on Marine Simulator and Simulation Research) (2008).
7. Susumu Toya, Hiroaki Kobayashi : Study on the Function of Management in Ship Operation, Proceedings of IMSF Workshop 2008 (2008).
8. Susumu Toya, Hiroaki Kobayashi : Study on the Functional Analysis on Management in the Bridge, Proceedings of ISIS 2008 (International Symposium Information on Ships) (2008).
9. Yuichi Kawashima, Hiroyoshi Hinata, Tomohisa Nishimura : A Study on an Evaluation Method for BRM Training in JCG, Proceedings of 8th ACMSSR (Asian Conference on Marine Simulator and Simulation Research) (2008).
10. Shinya Mukai, Hiroaki Kobayashi : The Necessary Communication Point Between Bridge Team, Proceedings of 3rd Korea-Japan Workshop on Marine Simulation Research (2003).
11. Hiroaki Kobayashi, Atsushi Ishibashi, Tomohisa Nishimura : Necessary Technique in Bridge Team Management, Proceedings of Asia Navigation Conference (JIN-KINPR-CIN Joint Symposium 2003) (2003).
12. Susumu Toya, Hiroaki Kobayashi : Analysis on the Functional Construction in Bridge Team, Proceedings of MARSIM 2003 (International Conference on Marine Simulation and Ship Manoeuvrability) (2003).
13. Susumu Toya, Hiroaki Kobayashi : Study on the Functional Construction in Bridge Team II, Proceedings of 3rd Korea-Japan Workshop on Marine Simulation Research (2003).
14. Hiroaki Kobayashi : Necessary Technique in Bridge Team Management, Proceedings of 12th INSLC (International Navigators Simulator Lecturers' Conference) (2002).
15. Hiroaki Kobayashi : The Condition on Occurrence of Maritime Accidents and Bridge Team Management, Proceedings of 12th International Maritime Lecturers Association, Shanghai, CHINA (2002).
16. Hiroaki Kobayashi : [Keynote] The Condition on occurrence of Maritime Accidents and Bridge Team Management, Proceedings of 2nd Japan-Korea Workshop on Marine Simulator and Simulation Research (2002).
17. Hiroaki Kobayashi : Required Techniques in BRM, Proceedings of 28th IMSF Workshop 2001 (Genova) (2001).
18. Hiroaki Kobayashi, Susumu Toya, Akiko Uchino : Study on the Functional Construction in Bridge Team, Proceedings of Marine Technology (Szczecin, Poland) (2001).
19. Susumu Toya, Hiroaki Kobayashi, Akiko Uchino : Study on the Functional Construction in Bridge Team, Proceedings of Korea-Japan Workshop on Marine Simulation Research (2001).
20. Susumu Toya, Hiroaki Kobayashi, Shoichi Senda : Basic Study on Analysis of the Function in Bridge Team, Proceedings of 11th INSLC (International Navigators Simulator Lecturers' Conference) (2000).

海技教育・訓練

1. Koji Ito, Hiroaki Kobayashi : A study on the Inexperienced Mariner's Behavior Characteristics Based on the Analysis of Maritime Techniques Regarding Ship Handling, Proceedings of 13th ACMSSR (Asian Conference on Marine Safety and System Research) (2013).
2. Mitsuo Kojima, Sachiyo Horiki, Hiroaki Kobayashi : A Study on Necessary Elements for Effective ETM Training, Proceedings of 13th ACMSSR (Asian Conference on Marine Safety and System Research) (2013).
3. Hiroaki Kobayashi : Advanced BTM Training Beyond BRM in Reviced STCW in 2010, Proceedings of 17th INSLC (International Navigators Simulator Lecturers' Conference) (2012).
4. Mitsuo Kojima, Sachiyo Horiki, Hiroaki Kobayashi : Advanced ERM Training and the Facilities, Proceedings of 12th ACMSSR (Asian Conference on Marine Simulator and Simulation Research) (2012).
5. Koji Ito, Hiroaki Kobayashi : The Inexperienced Mariner's Insufficient Behavior Characteristic and Effective Education and Training, Proceedings of 12th ACMSSR (Asian Conference on Marine Simulator and Simulation Research) (2012).
6. Koji Ito, Hiroaki Kobayashi : The Inexperienced Mariner's Insufficient Behavior Characteristic and Effective Education and Training, Proceedings of 11th ACMSSR (Asian Conference on Marine Simulator and Simulation Research) (2011).
7. Hiroaki Kobayashi : Basic Knowledge and Practical Techniques of Instructor Using Simulator, Proceedings of IMSF Workshop 2008 (2008).
8. Hiroaki Kobayashi : Basic Knowledge and Practical Techniques of Instructor Using Simulator, Proceedings of 8th ACMSSR (Asian Conference on Marine Simulator and Simulation Research) (2008).
9. Hiroaki Kobayashi : Use of simulator in Assessment, training and teaching of mariners, WMU Journal of Maritime Affairs (2005).
10. Hiroaki Kobayashi : Assessment on Mariner's Competency, Proceedings of 6th MARTECH 2004 (International Conference & Exhibition at the Singapore Polytechnic) (2004).
11. Fusayuki Inui, Hiroaki Kobayashi : Human Behavior for Safe Navigation under Limited-visibility, Proceedings of 6th MARTECH 2004 (International Conference & Exhibition at the Singapore Polytechnic) (2004).
12. Hiroaki Kobayashi, Atsushi Ishibashi, Tomohisa Nishimura : Assessment on Mariner's Competency, Proceedings of Asia Navigation Conference 2004 (2004).
13. Shin Murata, Hiroyuki Iwasaki, Hako Tokunaga, Yasuyuki Hasegawa : The Training and Assessment Utilizing Onboard Simulator −Development of Onboard ship-handling Simulator and its Assessment Aids−, Proceedings of 4th Japan-Korea Workshop on Marine Simulator and Simulation Research (2004).
14. Hiroaki Kobayashi, Makoto Endo : A Basic Idea and Methods on Simulator Training, World Maritime University Ex-Student Association of Vuetnum −Workshop on the Reform of Training Methods for Seafarers to Meet Requirement in 21st Century (2003).
15. Hiroaki Kobayashi, Yasuo Arai, Makoto Endo, Masatoshi Endo, Shiro Arai, Mitsuhiro Takeuchi, Shoichi Senda, Shin Murata : MET and its Assessment using Ship-handling Simulator, Proceedings of Korea-Japan Workshop on Marine Simulation Research (2001).

16. Hiroaki Kobayashi, Yasuo Arai, Makoto Endo, Shin Murata, T. Takemoto, S. Toya, Hiroyuki Mizuno, Makoto Endo, Shoichi Senda : The Learning Process on Maritime Technology and the Equivalency Between onboard and Simulator Training, Proceedings of Marine Technology (Szczecin, Poland) (2001).
17. Hiroaki Kobayashi : A Design of Maritime Simulator Training Based on the Human Factors, Proceedings of International Conference on Shipping Trends in New Millennium (2000).
18. Hiroaki Kobayashi : New Standards of MET Using Ship Handling Simulator, Proceedings of MARSIM 2000 (Orlando) (2000).
19. Hiroaki Kobayashi, Yasuo Arai, Makoto Endo, Shin Murata, Takahiro Takemoto, Susumu Toya, Hiroyuki Mizuno, Masatoshi Endo, Shoichi Senda : On the Equivalency Between Onboard and Simulator Training, Proceedings of 11th INSLC (International Navigators Simulator Lecturers' Conference) (2000).
20. Hiroaki Kobayashi : MET and Assessment Using Ship-handling Simulator, Proceedings of 11th IMLA (International Maritime Lecturers Association) (2000).
21. Makoto Endo, Hiroaki Kobayashi, Yasuo Arai, Shin Murata, T. Takemoto, Susumu Toya, Hiroyuki Mizuno, Masatoshi Endo, Shoichi Senda : The Development of the Simulator Training System, Proceedings of 11th INSLC (International Navigators Simulator Lecturers' Conference) (2000).
22. Hiroaki Kobayashi : Training and Assessment Utilizing Ship Handling Simulator, Proceedings of 10th INSLC (International Navigators Simulator Lecturers' Conference) (1998).
23. Masatoshi Endo, Hiroaki Kobayashi, Makoto Endo : About the Influence on the Training efficiency Affected by the Limited Function of Ship handling Simulator, Proceedings of 10th INSLC (International Navigators Simulator Lecturers' Conference) (1998).
24. Hiroaki Kobayashi : Development of Ship Handling Technique Into Elemental Techniques and Proposal of the Education / Training Method Utilizing a Ship Handling Simulator, Proceedings of 9th IMLA (International Maritime Lecturers Association) (1997).
25. Hiroaki Kobayashi : Training for an Integrated Bridge Systems, Proceedings of 9th INSLC (International Navigation Simulator Lecturers' Conference) (1996).
26. Hiroaki Kobayashi : Educating for Modern Navigation Systems, Proceedings of 8th INSLC (International Navigation Simulator Lecturers' Conference) (1994).
27. Hiroaki Kobayashi : On the Training Utilizing the Ship Manoeuvring Simulator −Study on the Evaluation of Training and Learning Process−, Proceedings of MARIN Jubilee Meeting −Workshop D Nautical-Simulators (1992).
28. Hiroaki Kobayashi : On the Watchstanding Training Utilizing the Ship Maneuvering Simulator, Proceeding of Academic Symposium between Japan and China Institute of Navigation (1992).
29. Hiroaki Kobayashi : On the Training Utilizing the Ship Maneuvering Simulator, Proceedings of MARIN 創立記念国際会議 (1992).
30. Kiyoshi Hara, Hiroaki Kobayashi, Kensaku Nomoto : Research and Training of Collision Avoidance Maneuver with Ship handling Simulator, Proceedings of International Conference on Marine Simulation (PP.A6-1−12) (1981).

支援システム開発

1. Atsushi Ishibashi, Hiroaki Kobayashi : A Study on Development and Evaluation of the Ship Handling Support System, Proceedings of 6th ACMSSR (Asian Conference on Marine Simulator and Simulation Research) (2006).
2. Atsushi Ishibashi, Hiroaki Kobayashi : A Study on Development and Evaluation of the Ship handling Support System, Proceedings of 6th MARTECH 2004 (International Conference & Exhibition at the Singapore Polytechnic) (2004).
3. Atsushi Ishibashi, Hiroaki Kobayashi : The Development on the Support System for Tugs Operation, Proceedings of 2nd Japan-Korea Workshop on Marine Simulator and Simulation Research (2002).
4. Masatoshi Endo, Hiroaki Kobayashi : A Study of Maneuvering Support System Taking Human Characteristics in Consideration, Proceedings of 2nd Japan-Korea Workshop on Marine Simulator and Simulation Research (2002).
5. Masatoshi Endo, Hiroaki Kobayashi : A Study of Maneuvering Support System Based Upon Human Characteristics, Proceedings of 12th INSLC (International Navigators Simulator Lecturers' Conference) (2002).
6. Mamoru Sugimoto, Hiroaki Kobayashi, Atsushi Ishibashi : The Development of the Support System for Tugs operation, Proceedings of Marine Technology (Szczecin, Poland) (2001).
7. Hiroaki Kobayashi：Berthing Support System and Total Berthing Characteristics, Proceedings of 9th World Congress of the International Association of Institute of Navigation, Amsterdam (1997).
8. Hiroaki Kobayashi : On the Evaluation for Man-Machine System and New Navigation System, Proceedings of the International Symposium on Human Factors On Board, The Influence of the Man-Machine Interface on Safety of Navigation (ISHFOB 1995) (1995).

索引

序章・第 I 部

【あ行】
IMO　37, 39, 40（→ 国際海事機関）
Aborts　56
安全運航　17, 23, 109
安全運航の成立（実現）条件　34, 36, 127
Under Keel Clearance（UKC）　55, 59
異常事態　50, 96, 99, 101
ETA（Estimated Time to Arrival）　77, 113
　（→ 到着予定時刻）
運動ベクトル　90, 122
運動ベクトルの長さ　89, 90, 122
AIS（Automatic Identification System）　66, 83
影響要因　47, 48, 49, 50
ECDIS　59, 63, 71, 91, 113
STCW 条約　37, 38, 43, 44, 47
Estimated Time to Arrival（ETA）　77, 113
　（→ 到着予定時刻）
Offset Center　90

【か行】
海技者の（船舶運航）技能　29, 31, 33, 34, 44, 131
海上交通センター　54, 85, 97, 110, 119
　（→ VTIS）
外力　71, 78, 115
環境が要求する技能　23, 31, 34, 127
管理　47, 50, 100, 107
機器取り扱い　49, 88, 95, 121, 123
機器の開発　91, 137
技術　23, 38, 41, 131, 135
技術管理　50, 100, 103, 124, 125
技術レベル　29
機能　23
技能　23, 38, 41, 131, 135
技能の限界　136, 139
技能評価　133
技能レベル　31, 35, 39, 128
9 項の要素技術　48, 51（→ 9 E.T.）

計画　48, 109, 110
計測レンジ　89（→ Radar Range）
航海計画　52, 59, 91, 97, 98
航海の困難度　24, 25, 26, 30, 35
COLREG　117
Contingencies　56

【さ行】
最接近距離　66, 90（→ CPA, DCPA）
支援システム　13, 27, 44, 61
事故原因究明　10
事故の再発防止　11
CPA　66, 67, 93, 112
　（→ 最接近距離，DCPA）
GPS　70, 71
シーマンシップ（SEAMANSHIP）　7, 141
周辺船舶密度　64
情報交換　49, 83, 87, 92, 119, 120
情報交換の時期　84, 92, 119
初認　65, 66, 68, 89
真運動　67, 89
人格構造　46
Safe Water　55
船位推定　23, 38, 48, 70, 73, 113, 114
船舶運航技術　43, 47, 51
操縦　49, 74, 76, 79, 115, 116
相対運動　46, 67, 89, 90
組織管理　101, 104

【た行】
第十雄洋丸　8
大脳の活性度　32
注意力　32
TCPA　63, 65, 66, 68, 112
DCPA　90（→ CPA，最接近距離）
到着予定時刻　71（→ ETA）

【な行】
9 E.T.（Nine Elemental Techniques）　44, 46
　（→ 9 項の要素技術）

No Go Area　　55, 59

【は行】
パシフィック・アレス　　8
パラレルインデックス　　59, 71, 91, 98, 110, 122
PID 制御　　74
BCR　　66, 67, 90, 94, 112
必要技術　　37, 38, 43, 129
必要技能　　37, 38, 133
標準的行動特性　　11
標準的な海技者　　11, 17
Functional Approach　　39
VHF 無線電話　　83, 84, 92, 101
VTIS　　48, 61（→ 海上交通センター）
Bridge Team Management　　50, 85, 104, 119
平均的困難度　　25, 28
法規遵守　　49, 80, 82, 117, 118

【ま行】
見張り　　48, 60, 69, 111, 112, 137

【や行】
要素技術　　45
要素技術展開　　45, 51, 127, 130

【ら行】
Required Speed　　113
RADAR　　66, 70, 113
RADAR/ARPA　　46, 63, 89, 91, 94, 121, 137
Radar Range　　121（→ 計測レンジ）

第Ⅱ部・第Ⅲ部

【あ行】
安全運航　　159, 161
安全運航の実現　　153, 163
インストラクター　　237, 246
STCW 条約　　147, 165

【か行】
活性化　　219
技術管理　　100, 148
技能育成　　231, 247, 257
技能の評価　　243
技能評価リスト　　243, 257
技能養成　　203
Captain briefing　　205, 251
協調的行動　　188（→ コーポレーション）

Cockpit Resource Management　　172, 183
コーポレーション（Cooperation）　　188, 196, 199, 203, 244
コミュニケーション（Communication）　　188, 190, 195, 203, 244

【さ行】
資源（Resource）　　221
実施計画　　255
シナリオ開発　　256
シミュレータオペレータ　　238
情報交換　　207, 209, 212, 214, 219, 223
所要時間　　242
人的資源　　166, 221, 222
スキル訓練　　234
船舶運航技術　　148
操船シミュレータによる実技演習　　230, 251
組織管理　　101

【た行】
単独当直の平均的技能　　161
知識と技能　　229, 230
チーム活動　　189
チーム構成員　　166, 188, 236
チームメンバー　　167, 235
チームメンバーに求められる（必要な）技能　　223, 244
チームリーダー　　166, 167, 251
チームリーダーに求められる（必要な）技能　　223, 244
チームリーダーの（必要）機能　　200, 202
Teamwork　　260
De-briefing　　230, 252

【は行】
BRM（Bridge Resource Management）　　146, 161, 165
BTM（Bridge Team Management，ブリッジチームマネジメント）　　146, 161, 165, 181, 183
評価リスト　　259, 263
物的資源　　166, 221
Bridge Team 活動の意義　　233
Bridge Team 活動の必要技能　　233
Bridge Team の平均的技能　　161
Procedure　　260

【ら行】
Leadership　　259

重要事項一覧

序章

① 標準的な海技者は，同一な条件のもとでは，ほぼ同様な行動をとる。
② 船舶の安全運航は環境と海技者の行動特性により決定する。
③ 船舶の安全運航を実現するためには，標準的な海技者の行動特性を考慮に入れた環境づくりが必要である。

第Ⅰ部

1.2：航行の困難度を変化させる要因
① 本船の操縦性能
② 航行する地形・水域の条件
③ 気象・海象の条件
④ 海上交通の条件
⑤ 交通規則
⑥ 搭載された操船支援システム
⑦ 陸上からの航行支援体制

1.3：海技者の船舶運航技能を決定する要因
① 海技者が保有する海技資格のランク
② 海上での航海実歴の長短
③ 疲労の度合い
④ 緊張の度合い

1.4：安全運航の実現の条件
　安全運航が実現できるか否かは「環境が要求する技能」と「海技者が実行できる技能」のバランスにより決定する。
　「環境が要求する技能」が「海技者が実行できる技能」より大きいとき，安全運航の実現は困難となる。
　「環境が要求する技能」が「海技者が実行できる技能」より小さいとき，安全運航の実現は可能となる。

1.5：技術と技能
　本書では，海技にかかわる技術と技能を次のとおり定義する。
- 技術とは安全運航を実現するための必要な機能
- 技能とは必要な技術を実行できる能力

2：運航技術の要素技術展開
　安全運航を実現するために必要な技術は，次の9項の要素により分解・整理できる。
- 航海計画の立案に関する技術
- 見張りに関する技術
- 船位推定に関する技術
- 操縦に関する技術
- 航行規則などの法規遵守に関する技術
- 情報交換に関する技術
- 機器取り扱いに関する技術
- 異常事態に対する技術
- 技術と人を管理する技術

2.1：航海計画の技術により達成すべき機能
① 安全な航海計画を立案するための情報収集の機能
② 収集した情報を安全な運航を実現するために利用する機能
③ 収集した情報を航海計画の立案に反映し，完成する機能
④ 航海の途中においても，計画の変更が必要である状況を判断し，新規の計画を作成する機能

2.2：見張り技術により達成すべき機能
① 本船のおかれている現在の状況を，次の情報により理解する機能
- 他船を早期に発見する
- 遭遇した他船の種類
- 遭遇した他船の運動
  （位置，針路，速力）

② 本船が将来遭遇する状況を，次の情報により理解する機能

- 他船の将来の状況
  （将来の位置，針路，速力）
- 他船の本船への干渉状況
  （CPA，TCPA，BCR）

2.3：船位推定の技術により達成すべき機能
  ① 船位推定のための情報収集方法を選択する機能
  ② 収集した情報により船位を推定する機能
  ③ 本船の運動状態を評価し，外乱影響を推定し，航海計画実現に必要な情報を推定する機能

2.4：操縦の技術により達成すべき機能
  ① 本船の現在の運動状態を計測し把握する機能
  ② 計画する本船の運動を発生させるために，操作する機器を選択する機能
  ③ 計画する運動を実現するために，操作する機器の操作量を決定する機能

2.5：法規遵守の技術により達成すべき機能
  ① 関係する法規・規則を理解する機能
  ② 法規・規則を現実の航海に反映し，実践する機能

2.6：情報交換の技術により達成すべき機能
  ① 情報交換の方法を選択する機能
  ② 情報交換の実行の仕方を理解する機能
  ③ 情報交換を実行する時期を選択する機能
  ④ 情報交換に必要な言語を活用する機能

2.7：機器取り扱いの技術により達成すべき機能
  ① 利用できる機器を認識する機能
  ② 必要な情報を得るための機器の使用方法を理解する機能
     必要な主たる情報としては，次の情報があげられる。
      - 航行船の情報
      - 安全運航のための船位情報
  ③ 機器の提供する情報の特質を理解する機能
  ④ 提供される情報の活用方法を理解する機能

2.8：異常事態対処の技術により達成すべき機能
  ① 異常発生箇所を認識する機能
  ② 異常や故障を修復する機能
  ③ 異常や故障の発生に対して関連して行うべき事項を認識，達成する機能
  ④ 航行船の異常行動を認識し，対処する機能
  ⑤ 気象・海象の異常を認知し，対処する機能

2.9：管理の技術により達成すべき機能
  ① 適用すべき技術を選択する機能
  ② 技術の実行内容を選択する機能
  ③ 技術の実行頻度と実行時期を決定する機能
  ④ 複数の技術を適用するときの優先順位を決定する機能

3.1：計画作成の技術により達成すべき機能
  ① 当直前には当直中に発生する状況を確認，推定する。
  ② 推定する状況に対して，必要な行動内容を海図上に記載する。

3.2：見張り技術により達成すべき機能
  ① 目視による観測を中心とし，見張り範囲は本船近傍と遠方までを対象とする。
  ② できる限り早期に，他の航行船を見つける。
  ③ 航行船の状況について，次の情報を収集する。
      - 相手船の本船からの距離と方位
      - 相手船の針路と速力
      - 本船への干渉状態を CPA，TCPA，BCR として把握する
  ④ 本船への干渉状態に基づき，複数の相手船に対して注意の順序付けをする。
  ⑤ 危険船に対しては，継続的に監視し，余裕のある時期に VHF 交信や避航行動を実施する。

3.3：船位推定技術により達成すべき機能
  ① ECDIS や GPS などの計器による船位推定のみでなく，クロスベアリングや RADAR による船位推定の技能を向上させる。
  ② 船位推定は現在の船位を求めることだけが目的ではない。安全な航海を行うために次の情報を収集する。
      - 次の変針点までの方位・距離を計測する。
      - ETA の定まっている目標地点が

あるときには、目標地点への方位・距離の他、ETA を実現するための Required Speed を求める。
- 本船の運動に影響を与える風や潮流と、その運動への影響を推定する。

3.4：操縦の技術により達成すべき機能
① 変針時に操舵手に行う指示として、舵角指示と針路指示の使用の違いを理解する。
② 本船の操縦性能をよく理解し、変針時の操舵指示を的確に行う。
③ 衝突回避の変針動作は、小角度の変針の繰り返しを避ける。
④ 過大な変針による衝突回避は、第三船への接近や、コースラインから大きく離れることがあるので、注意する。

3.5：法規遵守の技術により達成すべき機能
① 航海に関係する交通法規を理解し、法規に遵守した行動を実施できる。
② 想定される法規の適用範囲を理解する。
③ 航行予定の海域に適用される法規を、あらかじめ理解しておくとともに、経験豊富な海技者と話し合いをする。

3.6：情報交換の技術により達成すべき機能
以下は他の航行船や船橋外との情報交換における重要事項である。
① 情報交換をする目的を明確に判断し、交信に先立って交信事項を整理しておく。
② 情報交換の時期は、交信内容により実行すべき行動がとれるように、余裕を確保して行う。とくに、衝突回避に伴う情報交換は可能な限り早期に行う。
③ 英語による情報交換においては、基本文型を最小限、早期にマスターしておくことが有効である。交信内容を整理しておくことはとくに重要である。

3.7：機器取り扱いの技術により達成すべき機能
航海機器を用いる目的は、航海に有効な情報を得ることにある。情報を航海に活用する意識を強く維持し、次の点に注意する必要がある。
① RADAR/ARPA の使用については、次の点に注意する。
- Radar Range を適時切り替え、遠方と本船近傍の両方を監視する。
- Radar Range に応じて他船ベクトル長さを設定する。
- Parallel Index や BCR の情報を操船に活用する。
- 危険船の優先順位付けを行える技能を習得し、その情報収集を行う。

② Head Up Display をはじめとして、船橋に装備された機器から得られる情報を整理し、その活用法を理解し、航海に利用する。

3.8：管理の技術により達成すべき機能
経験が少ない海技者に見られる不十分な技能の典型は、技術管理の技能である。技術管理の技能を習得する方策を以下に示す。
① 複数の技術を行う必要がある航海の局面において、いつ、どの技術を実行すべきか、適切な技術を選択し、適時に実行する。
② 複数の要素技術を同時に行う必要があるときは、技術の実行により達成できる機能の重要度を判断し、実行の順序を決める。

技術管理は各要素技術の機能と実行方式を十分に理解しなくては達成できない。したがって、まずは各要素技術に対する技能を高める必要がある。

4.1：要素技術展開の意義
船舶運航技術を要素技術展開することにより、次のことが可能となった。
① 船舶運航の安全性を、必要となる技術に基づき整理することにより、安全運航を実現するためには、環境条件によって決まる必要技術の達成が、必要条件となることが明らかとなった。
② すべての操船局面において、安全運航のために必要となる技術は、9項の要素技術により整理できる。現実の操船局面では、9項の要素技術の合成により安全運航が達成できることが明らかとなった。

4.2：技術と技能
　海技者の技能を明確化することにより，次のことが可能となった。
　　① 安全運航の実現のために要求される機能レベルと，海技者が実行できる機能レベルとの比較により，海技者の技能が明確に判断できる。
　　② 技能を養成する訓練においては，効率的・効果的な訓練を実施するために，訓練対象となる技術を明確化することにより，合理的な訓練体系を作成することができる。
　　③ 操船局面により，要求される技能レベルは異なる。そのレベルに応じて，必要な海技資格のランクは決定する。また，そのレベルに応じて，操船局面の難易度を評価できる。
4.3：技能の限界と拡大
　海技者の技能には限界があることを前提とすることにより，次の点が指摘できる。
　　① 海技者が必要技術を達成する技能レベルには限界がある。
　　② 事故の真の原因を究明するためには，海技者の技能限界を知る必要がある。技能達成が可能な条件を知る必要がある。
　　③ 航海機器は，海技者が機能を達成する範囲を拡大する効果を持つものでなければならない。
　　④ 海技者の行動特性と機能達成の限界を基本とした，航行環境づくりをする必要がある。
　　⑤ 海技者の標準的技能を物差しとすることにより，航行環境の安全性を評価できる。

第Ⅱ部

1：安全運航に必要な技術
　安全運航に必要な技術は次のとおり整理される。
　　① 安全運航を達成するためには，9項の要素技術を確実に達成する必要がある。
　　② 各要素技術には，それぞれ達成すべき機能がある。
　　③ 技術を達成する能力を示す技能は，機能達成において，環境条件の要因により影響を受ける。
2.4：安全運航の実現の必要条件と Bridge Team
　　① 安全運航の実現には，海技者が実行できる技能と，環境が要求する技能が関係する。
　　② 船舶運航の安全を確保するためには，海技者が実行できる技能が環境が要求する技能以上でなければならない。
　　③ Bridge Team は，単独の海技者の技能では安全が確保できないときに組織される。
　　④ Bridge Team を組織する目的は，チームメンバー全員により，チームとしての高い技能を実行することにある。
3：Bridge Team Management
　Bridge Team Management の考え方の背景と事例から学べる事項は以下のとおりである。
　　① Management の考え方には，Bridge Team Management（BTM）と Bridge Resource Management（BRM）の2つがある。
　　② BRM は BTM のなかで，チームリーダーの果たすべき機能である。したがって，BRM は BTM の一部と定義すべきである。
　　③ 過去の事故事例を分析すると，チーム活動をしているなかで，チームに所属するメンバーの不十分な活動が，チームを危険に導いていることが理解される。
　　④ チーム活動を活性化し，正しい活動状況を保つためには，チーム構成員全員がチームメンバーとして果たすべき機能がある。
4.3：チーム活動に必要な機能
　複数の人間により構成したチームの目的を実現するためには，チーム構成員はそれぞれ次の機能を達成しなければならない。
　　① チームリーダーはチーム全体の活性度を高め，チームの目的を実現するための機能を果たす必要がある。

② チームメンバーは有効な情報交換（コミュニケーション：Communication）を行う必要がある。
③ チームメンバーは円滑なチーム活動を維持するために，協調的活動（コーポレーション：Cooperation）を維持する必要がある。
④ チームメンバーはメンバー間で分担した仕事を，正しく達成しなくてはならない。
⑤ チームリーダーはチームの一員として，上記②から④の事項を行う必要がある。メンバーはリーダーの意向に従って行動する必要がある。

4.4：コミュニケーション（Communication）の意義
　正しい情報交換（コミュニケーション）を行うことにより，次の機能を実行できる。
① コミュニケーションにより，各チームメンバーが実行した結果を共有し，得られた情報を総合して，チームの活動方針を決定できる。
② コミュニケーションにより，チームメンバーは目的意識を共有できる。
③ コミュニケーションにより，チームメンバーが犯したヒューマンエラーを検出し，その連鎖を断ち切ることができる。

4.5：コーポレーション（Cooperation）の意義
　協調的活動（コーポレーション）を行うことにより，次の機能を達成できる。
① コーポレーションにより，各チームメンバーが実行する仕事に関連性が維持され，円滑なチーム活動が実行できる。
② コーポレーションにより，他のチームメンバーの仕事の代行や補完作業が実行できる。
③ コーポレーションにより，他のチームメンバーの行動を監視し，ヒューマンエラーの発生を感知できる。

4.6：チームリーダーの機能
① チームリーダーはチーム構成員全員にチームが実行する目的達成の内容を明確に告知するとともに，目的達成に必要な行動を具体的に示さなければならない。
② チームリーダーはチーム構成員の技能を評価し，構成員全員の担当する仕事と仕事の内容を明確に指示しなければならない。
③ チームリーダーはつねにチーム構成員の行動を監視し，チームの活動を活性化し，最良の活動状態を維持しなければならない。
④ チームリーダーもチームの一員であることから，チーム構成員が状況を共有するための十分な情報交換と，チーム活動を円滑に進めるための協調機能を達成する必要がある。

4.9：情報交換の方法
　チームメンバーと情報交換をするときには，次の点を考慮して行う。
① 情報交換の目的を明確に意識する。
② 情報交換すべき内容，項目を整理する。
③ 情報交換を実施する時期を選択する。
④ 情報交換する内容の順序を決定する。
⑤ 情報交換すべき頻度を決定する。

4.9：見張りに関する情報交換の方法
　衝突回避のための見張りでは，次の各段階で報告事項が変化するので，状況に対応した報告をする必要がある。
① 衝突の恐れのある船舶の発見時
② 衝突の恐れのある船舶を継続監視中
③ 避航行動開始直前
④ 避航行動中
⑤ 避航行動終了時

4.9：船位推定に関する情報交換の方法
　船位推定では，以下の航海状況に応じて報告事項が変化するので，状況に対応した報告をする必要がある。
① 直進する計画経路上を航行する場合
② 変針点を含む計画経路上を航行する場合
③ 到着予定時刻が決定している目標点に向かって航行する場合

<著者紹介>

小林　弘明（こばやし　ひろあき）

工学博士（東京大学）
東京海洋大学名誉教授
1968年　東京商船大学航海学科卒業
1971年　大阪大学工学部造船学科卒業
1973年　広島大学大学院修士課程修了

〔海技に関する学会活動〕
1980年より，以下の国際学会，国内学会において，幹事，会長を歴任した。
国際海事シミュレータ会議（IMSF）アジア・パシフィック地区幹事，会長
国際海技教育者会議・シミュレータ専門委員会（INSLC in IMLA）幹事
海事システムと安全に関するアジア国際会議（ACMSSR）代表
日本航海学会（JIN）理事，会長

〔海技に関する教育・訓練の業績〕
2003年より2006年まで毎年，JICA専門家派遣により，ベトナム海事大学，インドネシアにおける海事大学において，海技の教育方法に関する研修を実施した。また，フィリピン，インド，マレーシア，トルコの海技者養成施設の教官に対し，研修を実施した。
2000年より2016年まで，国内において，大手船社を含む我が国の船社5社に対し，船社所属の海技者の教育訓練を実施中。
Class NK（日本海事協会）の認証基準である，2件の海技に関する標準教育訓練コースの原案作成。

ISBN978-4-303-21930-7

船舶の運航技術とチームマネジメント

2016年4月10日　初版発行　　　　　　　　　Ⓒ H. KOBAYASHI 2016

著　者　小林弘明　　　　　　　　　　　　　　　　　　検印省略
発行者　岡田節夫
発行所　海文堂出版株式会社

本　社　東京都文京区水道 2-5-4（〒112-0005）
　　　　電話 03(3815)3291(代)　FAX 03(3815)3953
　　　　http://www.kaibundo.jp/
支　社　神戸市中央区元町通 3-5-10（〒650-0022）

日本書籍出版協会会員・工学書協会会員・自然科学書協会会員

PRINTED IN JAPAN　　　　　　　　　　　印刷　田口整版／製本　誠製本

JCOPY <(社)出版者著作権管理機構 委託出版物>

本書の無断複写は著作権法上での例外を除き禁じられています。複写される場合は，そのつど事前に，(社)出版者著作権管理機構（電話03-3513-6969，FAX 03-3513-6979，e-mail: info@jcopy.or.jp）の許諾を得てください。